Mustapha Naggar

Práticas pastorais na floresta

Mustapha Naggar

Práticas pastorais na floresta

Da tradição ao design

ScienciaScripts

Imprint

Cover image: www.ingimage.com

This book is a translation from the original published under ISBN 978-620-3-42626-7.

Publisher:
Sciencia Scripts
is a trademark of
Dodo Books Indian Ocean Ltd., member of the OmniScriptum S.R.L Publishing group
str. A.Russo 15, of. 61, Chisinau-2068, Republic of Moldova Europe
Printed at: see last page
ISBN: 978-620-4-14904-2

TABELA DE CONTEÚDOS

LISTA DE TABELAS

LISTA DE NÚMEROS

LISTA DE ABREVIATURAS

ACMD Association de Compensation de Mise en Défens
ADA Agence pour le Développement Agricole
ADSA Agência de Desenvolvimento Social
ADPNA Agencee Développement des Provinces du Nord
AGR Activité Génératrice de RevenusNon-State Actors
ANOC AssociationNationale Ovine et Caprine
BV Bacia Hidrográfica
CCDR ForestResources Conservation and DevelopmentCentres (Centros de Conservação e Desenvolvimento dos Recursos Florestais)
CMDF Compensação deMise en Défens Forestière
RC Comuna Rurale
DPEFLCDD Direcção Provincial de Água, Florestas e Luta contra a Desertificação
DDFD Direcção de Desenvolvimento Florestal
DLCP Directionde la Lutte Contre la Désertification et de la Protection de la Nature
DDFAJC Directiondu Domaine Forestier des Affaires Juridiques et du Contentieux
DREFLCDD DirectionRégionale des Eaux et Forêts et de la Lutte Contre la Désertification
GEF Fundo para o Meio Ambiente Mundial
FFEM Fundo Francês para o Ambiente Global
FSC Forest Stewardship Council (Conselho de Manejo Florestal)
GIFM Aprojet Gestion Intégrée des Forêts du Moyen Atlas
HCEFLCD Alto Comissariado para a Água, Florestas e Luta contra a Desertificação
NHD Iniciativa para o Desenvolvimento Humano
MAPMDREF Ministério da Agricultura, Pesca Marítima, Desenvolvimento Rural e Águas e Florestas
MARAM Ministério da Agricultura e da Reforma Agrária
MDF Mise en défens forestière
MEDAP Programa de Acompanhamento da Parceria Euro-Mediterrânica
ODECO Gabinete para o Desenvolvimento da CooperaçãoBAromática e
Medicinal Plantas
PANLCD Pland'Action National de Lutte Contre la Désertification
PDR Plano Director de Reboisement
PF Programa Florestal Nacional
PMV Plano Marrocos Verde
PNAVB PlanNational d'Aménagement des Bassins Versants
PNUD Programa das Nações Unidas para o Desenvolvimento RSP Silvopastoral recursos
SSP Estratégia silvicultural

CAPÍTULO I: CONTEXTO GERAL E SITUAÇÃO DOS RECURSOS SILVOPASTORAIS

1.1- Introdução

O conceito do Mediterrâneo baseia-se numa referência climática comum a todos os países do baixo Mediterrâneo: um Verão seco e quente, um Inverno chuvoso e frio e uma variabilidade climática significativa. Se historicamente, a bacia mediterrânica está na origem da domesticação de cereais, pequenos ruminantes e controlo da água, as zonas pastoris ocupam uma área de 120 milhões de hectares, sem contar as zonas desérticas.

As serras mediterrânicas caracterizam-se por períodos de vegetação mais ou menos longos e, consequentemente, por grandes variações na quantidade e qualidade dos recursos forrageiros disponíveis. Face a esta situação, o agricultor deve satisfazer a procura alimentar do seu rebanho, apesar de uma oferta irregular e imprevisível. Assim, o equilíbrio forrageiro procurado é necessariamente um equilíbrio instável, cuja manutenção depende do grau de flexibilidade em relação aos riscos e perturbações climáticas da situação económica em que o sistema opera.

A maior parte da área mediterrânica produz menos de uma tonelada de matéria seca por hectare por ano. No seu estado actual, as serras só podem ser exploradas de forma extensiva, implicando um elevado grau de mobilidade dos rebanhos para que possam beneficiar da complementaridade entre as diferentes zonas de pastagem (nomadismo, transumância, etc.).

Os ecossistemas silvopastoris ainda estão sujeitos a múltiplas restrições técnicas, climáticas, pastoris e sociais. Estes constrangimentos pesam muito sobre a gestão desta área pastoral e na maioria das vezes dificultam as abordagens de desenvolvimento aí empreendidas.

Em geral, os ecossistemas pastoris são muito diversos e seu nível de produção não reflete o real potencial do meio ambiente. Esta situação pode ser explicada pela sobreexploração dos recursos silvopastoris: sobrepastoreio, polinização e corte da árvore e do estrato arbustivo em períodos de seca, e até mesmo limpeza. Estas práticas repetidas levam à abertura ou mesmo ao desaparecimento gradual destas formações de uso múltiplo, à ameaça de erosão do solo e consequentemente à regeneração e sustentabilidade dos recursos silvopastoris, dos quais depende a sobrevivência da maioria das populações utilizadoras.

Em Marrocos, os ecossistemas pastoris e silvopastoris cobrem uma área aproximada de 53 milhões de hectares, dos quais 21 milhões podem ser geridos, distribuídos por dez grandes unidades ecológicas que diferem umas das outras em termos de composição florística e condições edafoclimáticas. Quase 97% da superfície das estepes está localizada em zonas áridas e semi-áridas nas regiões orientais e pré-sarianas e na imensa zona do Saara. Estes ecossistemas representam um património nacional de grande importância tanto pela dimensão do espaço que ocupam como pelas riquezas que contêm, que constituem uma das principais fontes de vida das populações locais (forragens, lenha, plantas medicinais e aromáticas, recreio, turismo, refúgio para uma vida selvagem diversificada).

Estas áreas são caracterizadas por uma grande diversidade ecológica, o que lhes confere um importante papel socioeconómico e um papel ecológico estratégico na salvaguarda dos recursos naturais.

Os ecossistemas pastoris e silvo-pastoris representam assim um património nacional e mesmo internacional se se tiver em consideração o número de espécies vegetais e animais endémicas que abrigam, que são de grande importância tanto pelo tamanho do espaço que ocupam como pelas riquezas que aí se encontram e que constituem uma das principais (se não a única) fontes de vida das populações ribeirinhas.
No entanto, estas áreas estão sofrendo uma degradação acentuada e sua produtividade está diminuindo devido à seca que o país está passando e a fatores antrópicos relacionados com o uso destas terras. De facto, estas terras estão sujeitas a enormes constrangimentos que levaram à crescente deterioração do seu potencial de produção. A fragilidade destes ambientes é agravada pela pressão humana descontrolada e cada vez mais intensa, que tem diferentes graus de impacto na estabilidade e manutenção do equilíbrio ecológico, pastoral e silvopastoril.
No caso das áreas silvopastoris, estas cobrem quase 9 milhões de hectares (16,6% da área pastoral nacional). Como no caso da área silvopastoril mediterrânea, a produção pastoral mal excede uma tonelada de matéria seca por hectare por ano. No seu estado actual, as terras de serra só podem ser exploradas de forma extensiva, o que implica um elevado grau de mobilidade dos rebanhos para que possam beneficiar da complementaridade entre as diferentes áreas de pastagem (nomadismo, transumância, etc.).
A floresta oferece um espaço pastoral privilegiado pela natureza, a diversidade e a riqueza das espécies florísticas que a constituem. Estas espécies, baseadas em árvores, arbustos e arbustos sempre verdes, oferecem a disponibilidade de forragem durante todo o ano através dos seus ramos, rebentos jovens e fitomassa foliar acessível. Esta particularidade das serras florestais diferencia-as de outras serras fora da floresta cuja produção forrageira permanece fortemente dependente dos riscos climáticos. Assim, logo que a seca se prolonga, observamos uma limitação da produção de pastagens fora da floresta (pastagens colectivas), é sempre a floresta que sofrerá, por uma sobrecarga adicional, o backlash dos riscos climáticos.Os ecossistemas silvopastoris, componente essencial dos recursos naturais, estão sujeitos a condições climáticas mediterrânicas, caracterizadas pela escassez de água durante boa parte do ano, o que limita consideravelmente o crescimento das espécies florestais. De facto, a aridez que afecta mais de 90% do território nacional, associada à utilização excessiva dos recursos, contribui para a fragilidade dos ecossistemas florestais. Como resultado, 95% da terra está ameaçada ou afectada, em graus variáveis, pela desertificação.
A ruptura dos equilíbrios ecológicos e ambientais, devido à atividade humana e às mudanças ligadas às mudanças globais, coloca o setor silvopastoril no coração do desenvolvimento sustentável do país. As populações utilizadoras, cerca de 7 milhões de pessoas, quase todas elas praticam a pecuária extensiva na floresta. De facto, a floresta é considerada pelas populações locais como uma reserva pastoral durante todo o ano. Em um ano normal, ela fornece 1,5 bilhões de unidades forrageiras, ou seja, quase 17% do saldo forrageiro nacional.
Além disso, o pastoreio na floresta ao longo do ano atinge mais de 10 milhões de cabeças (40% do gado nacional). A carga pastoral excede em 3 a 4 vezes o potencial de pastagem da floresta e o déficit de forragem é geralmente superior a 30% nessas áreas.
Na área da gestão dos recursos silvopastoris, as iniciativas a serem desenvolvidas devem ser mais orientadas para o desenvolvimento silvopastoris e para a organização das práticas pastorais. Trata-se de definir, de forma participativa,

estratégias e regras para a gestão dos recursos silvopastoris, para implementá-los e arbitrar possíveis conflitos, como uma das condições essenciais para a gestão sustentável das florestas e dos recursos naturais.

1.2- Estado dos recursos silvopastorais

Em Marrocos, as áreas pastoris e silvo-pastoris têm funções vitais do ponto de vista ambiental (protecção do solo, biodiversidade) e socioeconómico (produção de madeira, produção de forragem, apicultura, plantas medicinais, actividades recreativas, etc.). A importância destas áreas para a pecuária está na oferta forrageira e no capital de fitomassa que pode desempenhar um papel estratégico de reserva forrageira nos períodos de fome e escassez para os habitantes locais e criadores provenientes de outras áreas mais afectadas pela seca.
Estas áreas ainda estão sujeitas a múltiplos constrangimentos técnicos, pastorais e sociais. Estes constrangimentos pesam muito sobre a gestão desta área pastoral e, na maioria das vezes, dificultam as iniciativas de desenvolvimento do gado aí empreendidas. Esta degradação é acentuada pela natureza do clima mediterrânico, que está sujeito a variações espaciais e irregularidades de pluviosidade e temperatura ao longo do tempo e do espaço, o que expõe periodicamente a actividade pecuária ao risco de escassez de forragens ligadas a riscos climáticos.Face a esta situação, a realização de um desenvolvimento sustentável dos ecossistemas pastoris exige o conhecimento e a avaliação do estado de coisas, a fim de evidenciar as potencialidades e as limitações dos recursos pastoris e silvopastoris.
As principais características da flora e da vegetação de Marrocos já discutidas em várias publicações podem ser resumidas da seguinte forma:

- ✓ Uma grande diversidade de comunidades vegetais devido à grande diversidade de condições macro, meso e microclimáticas, à influência humana passada e presente, à diversidade de fatores edáficos e de rocha-mãe, etc;
- ✓ Uma degradação muito avançada da grande maioria das formações; a ruptura do equilíbrio e a degradação que se seguiu, tendo acabado por fazer certos terrenos completamente nus no Verão;
- ✓ Uma biomassa vegetal muito grande de certas formações que muitas vezes são pouco ou nada utilizadas (Cistaceae, Ericaceae, etc.).

Em Marrocos, é evidente que os ecossistemas de todos os tipos (floresta, matorral, erme, estepe, prado, cultivo, etc.) estão sujeitos ao pastoreio. Isto é mais frequentemente feito por rebanhos de diferentes espécies, muitas vezes explorados de acordo com um sistema de complementaridade entre os recursos dos diferentes componentes do espaço (floresta, sertão, terras agrícolas).
Com algumas exceções, especialmente em florestas (regenerações ou plantações) e certas culturas (frutas, legumes), todas as outras formações estão sujeitas ao pastoreio de forma quase permanente.
As serras, ocupando cerca de 53 milhões de hectares, cobrem entre 30% e 60% das necessidades pecuárias, dependendo da região e do ano climático, através de vegetação natural ou semi-natural composta por estepes, arbustos e prados, utilizados principalmente para a produção animal.
Estas áreas desempenham um papel fundamental na alimentação do gado. Estas áreas são o principal recurso forrageiro para ovinos e caprinos em áreas pastoris e contribuem muito para a alimentação do gado. A participação das serras florestais

no balanço forrageiro nacional varia entre 25 e 36 % dependendo das condições climáticas. Esta contribuição é muito importante nas zonas montanhosas, onde varia de 90 % a 70 %.
A produção pecuária gera renda significativa para a população rural. Em 1990, o sector pecuário contribuiu com cerca de 32% do valor acrescentado da agricultura. Proporciona cerca de 20% do emprego agrícola total e contribui para a renda de mais de 80% da população rural.
Dada a diversidade e riqueza da floresta, é também uma área de pastagem por excelência. A produção pastoril de florestas atinge 1,5 a 2 bilhões de unidades forrageiras num ano normal e contribui para 17% do balanço forrageiro nacional, estimado em 8,86 bilhões de unidades forrageiras. A tabela abaixo apresenta a produção pastoril por tipo de formação florestal e mostra que as florestas de azinheiras, as Arganeraie e as camadas alfatière constituem as principais áreas florestais. Estas formações representam 59,6% da área florestal total e contribuem com 73,7% dos recursos pastoris das florestas.

Tabela 1. Produção pastoril dos principais ecossistemas florestais

Floresta	Área (ha)		Produção		
	1000 (ha)	%	Unidade (UF/ha)	Global (Milhões UF)	%
Mata de azinhais	1394	15,49	330	449	29,50
Arganeraie	828	9,20	370	308	20,24
Manchas alfatitas	3156	35,07	115	365	23,98
Subterraces	348	3,87	325	113	7,42
Tetraclinae	608	6,76	155	95	6,24
Cedro de Cedro	132	1,47	425	56	3,68
Outras formações	2534	28,16	136	136	8,94
Total	9000	100,00	1856	1522	100,00

Há algumas décadas atrás, as serras estavam em equilíbrio entre a oferta de recursos forrageiros e a procura de gado. No entanto, tendo em conta várias alterações, o estado das serras continua a deteriorar-se sob o efeito principalmente do factor antrópico, agravado por factores naturais (secas recorrentes, aridez e variações climáticas espaciais). Assim, o equilíbrio natural que se estabeleceu entre a oferta de forragem e a procura de gado tem sido perturbado, levando a uma progressiva degradação dos recursos forrageiros, com repercussões negativas directas no rendimento dos criadores de gado e no seu nível de vida. Para além destes constrangimentos, existem problemas com a organização dos pastores em associações ou cooperativas, problemas com a supervisão dos pastores, a manutenção das infra-estruturas construídas pelo Estado e o controlo de locais melhorados para limitar as infracções. A avaliação do processo de degradação das florestas e estepes no início dos anos 2000, numa área de 19 milhões de hectares, revelou que mais de 17 milhões de hectares estão degradados, de acordo com vários estados de degradação:

- 875.000 ha estão ligeiramente degradados;
- 7 903 000 ha estão moderadamente degradados ;
- 8 316 000 ha estão gravemente degradados.

O custo da degradação ambiental em Marrocos foi estimado em cerca de DH 32,5 bilhões em 2014, ou 3,52% do PIB. O desafio na medição dos custos da degradação do solo é capturar a complexidade dos efeitos de arrastamento.

Há uma tendência para subestimar e ignorar serviços ecossistémicos importantes que se perdem quando a terra é degradada, tais como a perturbação da regulação das águas subterrâneas ou a redução do sequestro de carbono. Estas ligações causais são de longo alcance e não são contabilizadas na maioria das estimativas do custo da degradação da terra.

A degradação da terra é um dos principais factores que contribuem para a perda de biodiversidade e habitat e para as mudanças na abundância de espécies. Ela leva a um declínio geral da biodiversidade e dos serviços ecossistémicos. Daí a necessidade de conservar e proteger a cobertura vegetal natural existente, especialmente em terras secas, e de avaliar o seu impacto ambiental e económico.

A degradação das áreas pastoris e silvo-pastoris é causada por uma combinação de fatores que mudam com o tempo: fatores indiretos, como o crescimento populacional, e fatores diretos, como as práticas de uso da terra e as mudanças climáticas. Esses fatores incluem:

i. **Sobrepastoreio:** O desaparecimento gradual da gestão da serra por
a organização comunitária tradicional levou ao surgimento de uma situação de
A "tragédia dos comuns" onde há uma forte competição por recursos pastorais entre a população de um grupo étnico. O sobrepastoreio é uma consequência directa do aumento da população e do número de pequenos ruminantes, uma vez que as serras são a sua principal fonte de alimento.

ii. **Extensão de terras cultivadas:** Em Marrocos, a maior parte das terras de cultivo têm um estatuto jurídico colectivo. A regra aplicada a esta terra, extraída do direito consuetudinário e consagrada no direito moderno, afirma que é a pertença ao grupo étnico (tribo, fração, linhagem, etc.) que dá origem ao direito ao pastoreio coletivo. A substituição gradual das organizações comunitárias consuetudinárias por órgãos administrativos e eleitos tem dificultado as antigas regras comunitárias que regiam o acesso a terras de guarda, em benefício de regras baseadas na propriedade privada. A sedentarização tem dificultado o aumento da limpeza e aragem das terras de sertanejo para fins de apropriação individual dessas terras. Assim, a progressão das terras cultivadas, com a sedentarização das famílias, está a acelerar.

iii. **Crescimento demográfico:** O crescimento demográfico parece estar entre as principais causas de degradação das serras marroquinas devido a uma mudança nos padrões de consumo e a uma elevada procura de produtos de áreas pastoris. A diminuição da população das áreas pastoris, devido à emigração interna e externa, tem resultado numa tendência para o sedentarismo. Isto levou ao desaparecimento do livre acesso à serra e à apropriação destas terras, resultando na sobreexploração dos recursos pastoris e na conversão das serras em áreas cultivadas.

iv. Factores climáticos: Em Marrocos, as tendências futuras mostram geralmente uma diminuição das precipitações e um aumento da temperatura a nível nacional. Estas tendências futuras, combinadas com os impactos existentes, levarão a uma perda de biodiversidade nas serras e aumentarão a sua vulnerabilidade à desertificação.

v. Gestão de Rangeland: Os problemas de uso do rangeland não são frequentemente problemas nutricionais, mas muito mais problemas de manejo. Como resultado da forte pressão sobre os recursos naturais e o desenvolvimento do comércio com grandes áreas agrícolas, os sistemas pecuários sofreram grandes mudanças. A intensificação da alimentação, e em particular o uso da engorda, tornou-se uma estratégia para reduzir a dependência de um ambiente altamente flutuante.

CAPÍTULO II: PRÁTICAS PASTORIS NA FLORESTA

2.1- A pecuária móvel entre a transumância e o nomadismo

Entre os primeiros testemunhos sobre a questão da reprodução móvel consagrada pela transumância, podemos evocar as informações relatadas pelo autor anônimo do Istibsâr, que escreveu no final do século XII, para ter a primeira menção explícita da prática da transumância. O autor relata que nas montanhas de Fâzâz, uma área que corresponde ao Atlas Médio central, viviam muitas populações berberes. A neve perseguia-os e obrigava-os a ter um movimento sazonal que os conduzia para fora dos seus próprios territórios, muito provavelmente para as planícies atlânticas, nomeadamente para a actual planície do Gharb. Deve-se notar de passagem que existem várias razões para esta zona de transumância fora das zonas de montanha. Em primeiro lugar, o topónimo Azaghâr, que designava na época medieval esta parte das planícies do Atlântico Norte e que foi dado nos últimos tempos ao planalto frequentado pelos transumanos do Atlas Médio. Alguns sectores da planície do Gharb eram também escassamente povoados, pois a região do baixo vale do Sebou sofria da abundância de pântanos. A planície, arborizada e subpovoada, teria constituído um terreno ideal para as populações transumantes.

De acordo com a literatura etnográfica, assim como com textos medievais e modernos, dois tipos de movimentos foram bem identificados: (i) o primeiro chamado transumância simples, de verão, que consistia numa única série de movimentos que levavam os habitantes sedentários, praticando uma actividade agrícola mais ou menos importante, a pastos de montanha, (ii) o segundo chamado transumância dupla, envolve dois movimentos sazonais por ano, um de inverno, o outro de verão.

O primeiro tipo de transumância é, segundo os primeiros geógrafos que a estudaram, semelhante à transumância alpina. De facto, no final da estação das chuvas, por volta do mês de Maio, seguindo o sinal dado pelo chefe tribal, os rebanhos são levados para as pastagens de altitude que foram previamente divididas entre os componentes do grupo. Este tipo de transumância permanece limitado a uma parte do grupo familiar, porque muitas vezes são apenas os pastores (Azzâba) que deixam as habitações fixas em busca de pastagens. Segundo alguns testemunhos etnográficos, a transumância estival diz respeito à maior parte das montanhas marroquinas e que os rebanhos que aí são conduzidos podem mesmo ser limitados a uma parte do gado, particularmente os pequenos ruminantes (ovelhas e cabras).

Além disso, a dupla transumância, que diz respeito principalmente ao centro de Marrocos, e que foi amplamente descrita por etnógrafos no início do século XX.

Os principais momentos do ciclo anual desta transumância são descritos globalmente da seguinte forma:

✓ O transumante, que também é agricultor, começa antes da transumância de Inverno com a lavoura e sementeira das parcelas agrícolas por volta de Outubro-Novembro;

✓ De Novembro a Março: os transhumanos deixam as suas terras para ir em transumância de Inverno em direcção às planícies, interiores ou costeiras. Estes movimentos são geralmente mais importantes que os de verão, pois levam os transhumanos para os territórios de outras tribos com as quais têm pactos e alianças.

✓ De março a maio: os transhumanos retornam aos seus lugares habituais de residência, para colher as parcelas cultivadas, antes de retornar às pastagens altas para o resto do ano.

A economia pastoril das populações transumantes integrava frequentemente uma terceira actividade baseada na exploração da riqueza silvícola da região, porque as zonas montanhosas do Atlas eram, e continuam a ser, uma das zonas mais arborizadas de Marrocos. Diferentes espécies de árvores compõem o manto florestal destas montanhas, trata-se das espécies folhosas do tipo azinheira, sobreiro, pistácio, freixo, alfarroba..., assim como as espécies resinosas do tipo pinheiro, zimbro, thuja e mais particularmente o cedro, uma das espécies emblemáticas das montanhas do Atlas cujo nome leva (Cedrus atlantica). É de notar que desde a antiguidade, a madeira do cedro era procurada para a marcenaria, como testemunham os principais monumentos históricos de Marrocos, em particular na cidade imperial de Fez.

Esta mobilidade espacial, que condiciona em grande medida a economia de subsistência das populações transumantes, dá origem a conflitos relacionados com a apropriação do espaço pastoral e a exploração dos seus recursos. Como resultado, a sociedade tribal desenvolveu um conjunto de mecanismos e regulamentos de arbitragem interna para garantir a paz social e a coabitação dos diferentes grupos sociais e tribais e para manter o frágil equilíbrio desta sociedade segmentada.

As alianças entre grupos tribais são os principais elementos destes modos de povoamento. Entre os berberes do Marrocos central, conhecemos o exemplo do "tâda", que é considerado o mecanismo organizacional mais típico das antigas seminómadas do Marrocos central. Como um vínculo ou pacto, ele é concluído e comemorado muito frequentemente nas proximidades do santuário de um santo. Sua conclusão consiste na execução de um duplo gesto ritual: primeiro, a troca entre os grupos no pacto de pratos de cuscuz salpicados com leite feminino; segundo, o emparelhamento dos chefes das famílias destes grupos por meio de seus sapatos.

Assim, as frações ou tribos vinculadas pelo tratado de tâḍa (aït taḍa, plural de utaḍa) se consideram mais do que irmãos. Pelo poder dessas práticas e crenças ou representações, uma das maiores consequências é a proibição formal entre eles de qualquer tipo de violência. Um vínculo social tanto quanto uma instituição costumeira, a estrutura do tâḍa tem a textura de cada um dos principais sistemas de organização ou regulamentação da sociedade em geral; neste caso, parentesco, economia, religião, política e direito. É um fato social por excelência, uma instituição multidimensional No contexto marroquino, o chamado "nômade" ou

□ semi-nómada", são considerados como não tendo uma habitação fixa e que se deslocam ao longo do ano com a família e o gado de acordo com itinerários pastorais herdados do passado e que seguem uma lógica de disponibilidade de recursos pastorais e pontos de água. Sobre o mesmo assunto, a transumância pastoral é definida como a mobilidade ou deslocamento de rebanhos, no tempo e no espaço, fora de suas áreas habituais de pastagem em busca de recursos pastoris e pontos de água, e que esse deslocamento geralmente não envolve o deslocamento da família.

Devido à diversidade dos ecossistemas silvopastoris em termos de composição e produção pastoril sazonal, e à busca de complementaridade entre territórios e áreas, a pecuária móvel é vista como uma forma de adaptação à irregularidade da disponibilidade de recursos silvopastoris, que é regida por riscos climáticos. As rotas de transumância utilizadas pela pecuária móvel são adaptadas aos imperativos

impostos pela disponibilidade dos recursos silvopastoris e da água, do terreno e do clima. O resultado é que cada comunidade tem uma área bem definida agrupando diferentes terras que lhe permitem realizar as suas actividades, com relativa estabilidade sazonal e anual.
A busca desta complementaridade entre as áreas silvopastoris em altitude ou nas altas montanhas, que são suaves e ricas em recursos no verão, e as áreas pastoris em baixa altitude com clima ameno no inverno, condiciona e orienta a movimentação do gado. Este padrão de uso da área pastoral proporciona uma oportunidade para o resto necessário para a reconstituição dos recursos naturais.
Estas considerações também dão origem a uma rede sócio-territorial e tribal muito complexa. Por exemplo, no Alto Atlas do Saara, a tribo Aït Sedrate, instalando-se em três secções distintas da bacia do Dades (montante, meio e jusante), assegurou o espaço necessário para manter um rebanho durante todas as diferentes estações do ano. Conflitos sobre pontos de água, áreas de pastagem e passagens formam o tecido da história local. Com o advento da administração moderna, as práticas pastoris e a vida dos pastores móveis sofreram profundas mudanças. Para melhor compreender o alcance destas mudanças, quatro bacias ecológicas de transumância foram diferenciadas. Em Marrocos, as principais bacias da criação móvel, podem ser esquematizadas em cinco (5) grandes grupos descritos como segue

As montanhas florestadas do Alto Atlas :
A parede bem irrigada do Alto Atlas culmina a 4165 m, e os principais maciços florestais são baseados em azinheira e zimbro: Florestas de Azilal, Aît Daoud ou Ali, Aît M'Hamed, Aît Bouguemmaz, Glaoua, Guedmioua, M'Touga, Ourika e Gnoundafa. As populações ribeirinhas, geralmente de língua berbere, estão agrupadas nos lados e no fundo dos vales. Acima das colheitas, as azinheiras encontram-se nas altitudes mais baixas ou as matas de zimbro, na borda da vegetação da floresta, são pastadas. Nesta região predomina a criação de caprinos, a agricultura permanece muito limitada e os rebanhos pastam na floresta durante todo o ano, excepto durante o período nevado (até 4 meses) quando a floresta está sujeita a desbaste, cujos produtos (ramos e folhas) são trazidos de volta para os rebanhos mantidos nos estábulos: Aït Atta, Aït Yafelmane, Aït Sedrate, Glaoua, Ghojdama, Mgouna, Imaghrane, Aït Isha, Aït Sokhmane... A prática da transumância nesta área de acordo com rotas verticais orientadas Sul/Norte. No verão, os rebanhos são levados para a alta altitude "Agdal", enquanto que no inverno, eles permanecem nos oásis do Piemonte. A prática de proteger sazonalmente as pastagens de verão (Agdal) é uma característica chave da pecuária móvel nesta área silvo-pastoril. Além disso, essas tribos de usuários preocupados com a transumância desenvolveram uma regulamentação pastoral tradicional conhecida como Orf, que preserva os direitos dos interesses individuais e coletivos das comunidades pastoris em harmonia com a gestão apropriada dos recursos.

As montanhas silvopastorais do Atlas do Meio :
As montanhas pastoris do Atlas do Meio constituem uma região privilegiada pela existência de nascentes abundantes e por um cambaleio favorável de condições climáticas. As formações florestais de interesse pastoral assentam essencialmente na azinheira, seguida de formações cedreiras (mais de 1.600 m de altitude). As principais florestas da região são : Sidi M'Guild, Bekrit, Aghbalou Larbi, Bou Iblane, Aîn Abelioune, Aît Ichou, Azrou N'Aît Ishaq, Tounfite, Bouhsoussen, Sidi Ahcine e Ouerdane. O gado da região é extensivo, principalmente ovelhas Timahdit. Os

pastores da região, que adaptaram seu estilo de vida e seu habitat, alternam entre os recursos das montanhas no verão, as florestas de azinheiras do Dir na primavera e o espaço pastoral oferecido pelo Azharhar no inverno: exploração sazonal destas áreas, entre as quais ocorre a transumância, e dentro de cada uma destas áreas o uso das diversas serras coletivas ou privadas que complementam a floresta. A apropriação para fins agrícolas das pastagens colectivas do Ait M'guild em Azaghar e a intensificação do cultivo desta montanha, especialmente na sua parte ocidental (El Hajeb, Azrou, Imouzzer, Ifrane, Timahdit, Guigou...), levou a uma clara regressão da pecuária móvel com uma conversão para a pecuária intensiva ou semi-intensiva.), levou a um claro declínio na pecuária móvel, com a conversão da pecuária móvel para a pecuária intensiva ou semi-intensiva, acompanhada por uma sedentarização quase generalizada das comunidades pastoris que costumavam praticar a transumância.

Os espaços silvopastoris do argan grove :

Como para a maioria das regiões áridas, os ecossistemas naturais caracterizam-se pela sua particular fragilidade e a argânia permanece marcada pela sua tendência estrutural para a degradação. Mesmo que a argânia seja considerada uma espécie adaptada à aridez (desfoliação ocasional, carácter mais ou menos espinhoso), as condições edafoclimáticas contribuem para acentuar as consequências da sua sobreexploração.

A multiplicação dos rebanhos de caprinos, a maior parte dos quais pastam argão ao longo do ano, conduz a uma sobreexploração pastoral dos argântemos, que se amplifica durante os anos de seca com a chegada maciça de rebanhos de camelos transumantes das províncias do sul (Sahara Marroquino), que ultrapassam as 100.000 cabeças. Esta situação conduz a um enfraquecimento progressivo das argamassas, impedindo assim qualquer possibilidade de regeneração natural. O sistema de criação associado à argânia é do tipo silvopastoril, dominado pela criação de caprinos, que representa 66% do gado que aí pastam. Tendo em conta os valores da carga de equilíbrio (0,7 UPB/ha) e da carga real (1,8 UPB/ha), o défice de forragem é superior a 60%. Assim, desenvolveu-se progressivamente uma situação de crise, que se agrava nas zonas onde os povoamentos são mais escassos, como resultado do processo de desertificação, que levou directamente à desdensificação dos povoamentos. É de notar de passagem que a legislação florestal reservou um estatuto especial para o pomar de argão através de uma regulamentação especial estabelecida na dahir1 de 4 de Março de 1925, que reconheceu direitos de utilização mais amplos em benefício das populações locais (pastoreio, recolha de nozes de argão, lavoura, etc.) Esta garantia legal de utilizações tradicionais não foi dada o apoio social e técnico necessário para desenvolver práticas silvopastoris com vista a uma gestão sustentável da árvore de argão.

Transhumanos de camelos na região do Saara :

Esta grande região, que se estende entre a foz da Dra e a fronteira da Mauritânia, caracteriza-se por formações florestais dominadas pela Acacia raddiana, que é muito esparsa, principalmente no estado de savana, e se distingue pela importância de seu rebanho de camelos, que requer mobilidade em longas rotas de transumância, e por formações vegetais no estado arborescente ou arbóreo, que oferece pastagem aérea favorecida pelos camelos. Esta prática é o trabalho das tribos de Rguibat, Ouled Dlim, Ouled Bousbaâ, Zerguiyne, Ait Oussa, Tekna, Ouled Tidrarine, Ahl Laarousien, Izarquien e Ait Lahcen. Estas tribos eram de origem diferente. Os

Reguibat, que formaram duas grandes tribos (o Reguibat Sahel a oeste e o Reguibat Lgouacem ou Charg a leste), descendiam do Amazigh Sanhaja, que eram os habitantes originais desta região.

Os espaços pastorais mais desfavorecidos dos planaltos do Oriente :
A região oriental e pela natureza do seu relevo de altitudes relativamente médias, e bioclima marcada pela aridez e pela natureza e extensão das toalhas de mesa de esparto em quase três milhões de hectares, esta região é actualmente caracterizada por um espaço de criação com movimentos de alcance limitado enquanto anteriormente o nomadismo estava em pleno andamento na região.
A prática da transumância entre jbel Grouz, no sul, e o Horst of Jerada, no norte, continua a ser favorecida pela complementaridade da vasta fácies pastoris estepárias dominadas pelo capim esparto e pelo sálvia. A mais imponente confederação de tribos é a de Beni-Guil com suas múltiplas frações, seguida pela de Laamour. Muito afectada pela seca e pelo encerramento da fronteira argelino-marroquina, esta zona foi submetida a importantes programas de desenvolvimento pastoral e silvopastoril no âmbito do projecto "Projecto de Desenvolvimento do Rangelands e da Pecuária do Oriente - PDPEO" durante o período de 1990 a 2001 e que beneficiou do apoio financeiro do Fundo Internacional para o Desenvolvimento Agrícola (FIDA). A principal realização do projeto foi a iniciação e organização de comunidades pastoris em cooperativas pastorais de base étnica conhecidas como cooperativas de etno-lignage.
O projeto também financiou diversas atividades como o plantio de arbustos forrageiros, principalmente baseados no Atriplex, a escavação de poços, a compra de forragem e a melhoria da raça ovina local (Bni Guil), etc. Estas acções resultaram na intensificação da pecuária e na sedentarização dos criadores móveis de Tandrara, Aïn-Beni-Mathar e Bouarfa.

2.2- Agdal: uma prática ancestral distinta dos pastores do Atlas

Além disso, a prática da "Agdal", herdada de um passado distante, ainda está presente entre as práticas comunitárias nas sociedades pastoris berberes (Amazigh) do Atlas marroquino. De fato, a Agdal designa um arranjo defensivo (proibição de uso), geralmente sazonal, relativo a recursos específicos dentro de um território delimitado com características essenciais marcadas por períodos alternados de abertura e fechamento do território. Para além de uma prática ou conhecimento, a Agdal é um conceito "tradicional" que pode ser mobilizado para lidar com situações de insegurança que afectam os recursos colectivos.
A título de ilustração, mencionamos os Agdals florestais do Alto Atlas central no vale do Ait Bouguemmaz. Estas áreas arborizadas são geridas por organizações conhecidas como comunidades aldeãs que criam defesas temporárias para a colheita de forragem de azinho e zimbro e o corte e recolha de lenha para aquecimento durante o período nevado, que dura de 3 a 5 meses, de Novembro a Março.
Neste vale, o espaço está organizado em duas unidades que são regidas por dois regimes habituais, **o Agdal** e o **não-Agdal**. Para as Agdal, cada aldeia tem uma ou duas Agdal florestadas cuja superfície varia de 20 a 200 ha e que são reservadas durante a maior parte do ano (sem corte de madeira viva). A exploração dos recursos de Agdal (forragem foliar, lenha, postes de construção) está sujeita a

numerosas regras costumeiras estabelecidas pelas assembleias da aldeia (Jmaâ). As defesas são levantadas por decisão do Jmaâ, geralmente por um curto período no inverno, quando a cobertura de neve impede o movimento dos homens e dos rebanhos. Quanto ao território "fora de Agdal", é geralmente utilizado por várias aldeias e está aberto ao uso durante todo o ano e não tem (ou tem poucas) regras de uso.De facto, **o Agdal** representa uma forma de segurança tribal, como uma prática comunitária anti-aléa. Quatro argumentos principais mostram o papel da Agdal na gestão coletiva de risco e na garantia do uso dos recursos florestais no espaço e no tempo, a saber (i) a preservação dos recursos florestais a longo prazo através dos seus efeitos ecológicos a longo prazo devido à manutenção durante um longo período do ano do coberto arbóreo e da biomassa disponível nessas áreas, garantindo a continuidade dos usos da aldeia e o fornecimento de produtos florestais, (ii) a manutenção de um capital e de um estoque de madeira e massa foliar nos pés que podem ser utilizados de acordo com as necessidades e permitindo o uso diferido desses recursos, (iii) a gestão de uma diversidade de recursos complementares, que é regida por um conjunto de regras e regulamentos que regem as práticas de exploração de áreas de recursos (Agdal / não-Agdal) fornecendo às comunidades de montanha vários recursos e produtos complementares necessários para manter a sua subsistência. O método de gestão 'Agdal' estabelece as condições de apropriação, as regras de exploração e a distribuição dos recursos dentro da comunidade de utilizadores e baseia-se em valores igualitários, tornando possível limitar conflitos e gerir melhor a concorrência. Neste sentido, a Agdal surge como um instrumento habitual de regulação colectiva. Ela tem os atributos de um patrimônio comunitário: "conservação para transmissão". Ao assegurar o uso de recursos silvopastoris no tempo e no espaço, o modelo de gestão 'Agdal' representa um sistema de reprodução social para as comunidades rurais em áreas florestais e periflorestais, mantendo a sua autonomia e identidade. A prática da Agdal contribui, entre outras coisas, para a consolidação da resiliência do sistema socioecológico das áreas silvopastoris. A Agdal tem as características da gestão sustentável dos recursos através de (i) práticas com patrimônio e conhecimentos locais como referência em termos de auto-organização das práticas silvopastoris, (ii) um sistema de gestão que pode ser modulado capitalizando a experiência e a prática, (iii) a gestão de uma diversidade de recursos silvopastoris que são complementares e adaptados aos modos de condução do gado silvopastoris. Há muito considerada uma relíquia do passado, a Agdal está agora a ser reavivada como uma boa prática que se enquadra perfeitamente nos objectivos do desenvolvimento sustentável. Na encruzilhada das abordagens comunitárias, sócio-ecológicas e patrimoniais, o conceito Agdal local é o portador de uma concepção holística da relação entre as comunidades aldeãs e o meio ambiente e os recursos. No entanto, o modelo "Agdal" está agora a sofrer as consequências da transformação dos sistemas de produção e actividade, da economia de mercado, do comportamento individual pouco sensível à regulação comunitária e da concepção de novos programas de desenvolvimento rural baseados em novas formas institucionais de garantia e gestão de recursos, promoção dos produtos locais e apoio a novas organizações profissionais rurais.

2.3- Conclusão

No final desta análise, no final do século XX, assistimos a um declínio crescente das práticas nómadas e/ou de transumância, pelo menos na sua forma tradicional. Há muitas razões para este processo de regressão, mesmo que a sua magnitude e impacto sejam diferentes de acordo com as bacias ecológicas da transumância. De facto, muito cedo, a promulgação da lei sobre a floresta (1917), sobre as terras colectivas (1919), e a apreensão das planícies para criar áreas irrigadas, iniciou um processo de regressão quase irreversível. O arrendamento de pastagens, a compra de forragem e a procura de um equilíbrio entre a produção e a procura caracterizam a nova situação. As instituições tradicionais de gestão da transumância, como a nova administração, estão tendo muita dificuldade em acompanhar as mudanças. Todos estes são sinais de que a transumância pode não se perder totalmente, mesmo que os jovens e as mulheres rejeitem cada vez mais esta forma de criação de gado.

Globalmente, as áreas pastoris em Marrocos foram organizadas em territórios em torno dos quais foram desenvolvidas regras de utilização adaptadas às condições do meio ambiente. A função do território de cada unidade social foi resumida na sua capacidade de oferecer aos rebanhos, ao longo do ano, as pastagens e as fontes de rega necessárias. Assim, os modos tradicionais de criação de animais nas áreas silvopastoris são definidos da seguinte forma:

- Nomadismo: o movimento contínuo em busca de água e relva sem qualquer direcção pré-definida.
- Semi-nomadismo: o movimento em busca de água e grama base para casa.
- Transhumância: movimento periódico entre ambientes ecologicamente e geograficamente diferentes.

Outros critérios podem ser acrescentados a esta breve tipologia, tais como: movimentos horizontais e verticais, tipos de itinerário, amplitude de movimentos, tipos de animais explorados, papel da agricultura, método de comercialização, etc.

No quadro do direito consuetudinário específico das comunidades tradicionais locais, a gestão dos recursos silvopastoris foi assegurada pela instituição "Jmaâ" (ou assembleia da "Jmaâ"). Esta instituição encarna a vontade colectiva de cooperar e as suas tarefas incluem a gestão, distribuição e regulação dos direitos à água de rega, serras, recursos florestais, etc. Ela também está envolvida na gestão do sector florestal. Intervém também na gestão do espaço e de certas instalações colectivas, assim como actua como órgão de arbitragem interna.

No final deste capítulo sobre as práticas pastorais, surgem várias questões: Que avaliação se pode fazer da capacidade das organizações tradicionais locais para gerir bem os recursos silvopastoris? Que lições podem ser aprendidas? O que se pode aprender com esses métodos tradicionais de manejo para o desenvolvimento sustentável das áreas silvipastoris?

Da análise das práticas silvopastorais tradicionais emerge um duplo sentimento, um de equilíbrio e flexibilidade, outro de fragilidade, desequilíbrio e desajuste a um ambiente sócio-ecológico em rápida mutação.

Com efeito, as organizações tradicionais nas montanhas florestais são confrontadas com a abertura e profundas mudanças na sociedade: crescimento demográfico que amplia a apropriação de áreas pastoris coletivas, mudanças nas práticas pastoris e modos de gestão pecuária marcados pela tendência à sedentarização no lugar da pecuária móvel. O futuro das práticas pastoris habituais (transumância, nomadismo, Agdal, etc.) apesar do seu reconhecimento como boas práticas de conservação da biodiversidade.

CAPÍTULO III: ELEMENTOS DO DIAGNÓSTICO SILVOPASTORAL

3.1- Ponto da situação das serras florestais a nível nacional

Marrocos tem um património vegetal e animal muito rico graças à grande diversidade que caracteriza os ecossistemas pastoris e silvopastoris. Além do seu potencial em termos de criação de gado, as chamadas áreas pastoris e silvopastoris contêm riquezas que podem ser utilizadas para diversificar a renda das populações. Marrocos caracteriza-se também pela existência de formas tradicionais de instituições (Jemaâ soulaliya em árabe) cujo funcionamento é assegurado pelos representantes dos grupos étnicos, os naibs, que ainda são mais ou menos funcionais em termos de gestão das áreas pastoris. As associações e cooperativas pastorais criadas nas últimas décadas constituem também uma realização definitiva em termos de gestão participativa do espaço pastoral, particularmente em termos de áreas de repouso.

O sector silvopastoral beneficia da existência de um arsenal legal e de um quadro regulamentar em constante evolução, de uma considerável experiência na condução de projectos de desenvolvimento no sector florestal e de uma grande experiência em termos de realizações através de políticas e programas destinados à melhoria pastoral no contexto de projectos de desenvolvimento integrado.

Um consenso nacional sobre os problemas e constrangimentos ao desenvolvimento do sector silvopastoril reflecte-se nas acções do Departamento de Águas e Florestas, que sempre manteve relações de colaboração e concertação com os seus parceiros no desenvolvimento da pastorícia, nomeadamente o Departamento de Agricultura, o Departamento do Interior, Contudo, dada a extensão do crescimento demográfico nessas áreas florestais e periflorestais, a sedentarização dos pecuaristas, o crescimento da economia de mercado e a recorrência de secas, os modos e práticas de uso das áreas florestais sofreram profundas mudanças que levaram a grandes desequilíbrios entre a oferta e a demanda pastoral nas áreas florestais.Esta situação é acentuada pela natureza do clima mediterrânico, que está sujeito a variações e irregularidades na pluviosidade e temperatura ao longo do tempo e do espaço, o que expõe periodicamente a actividade pastoril ao risco de défices forrageiros devido a riscos climáticos.No passado recente, a actividade pastoril adaptou-se às variações e irregularidades climáticas através de práticas de gestão dos solos e dos recursos, através da utilização alternada e específica das pastagens de Verão e de Inverno, através de movimentos de rebanhos regulados e da desgalhamento organizado dos povoamentos florestais no Outono e no Inverno, durante o período nevado a grande altitude. O domínio florestal marroquino ocupa cerca de 9 milhões de hectares, dos quais 5,8 milhões de hectares são florestas e 3,2 milhões de hectares são campos alfa, ou seja, uma taxa de cobertura de 12% do território nacional, contendo formações florestais, para-florestais e campos alfa.

Apesar das diferenças entre os vários povoamentos florestais em termos de valor pastoral, o uso de seus recursos como área de pastagem é generalizado. Assim, foi adotada uma tipologia de povoamentos florestais para destacar as grandes unidades homogêneas em termos de potencial pastoral, através de agrupamentos de unidades florestais do Inventário Florestal Nacional. Nas últimas décadas, o contexto e os sistemas de atividade pastoral, uma vez praticados em harmonia com o

potencial natural, sofreram profundas perturbações. De fato, a atividade pastoral tornou-se muito dependente de recursos silvopastoris livres, quaisquer que sejam as condições climáticas e praticamente ao longo de todo o ano. Em caso de riscos climáticos, seca ou frio, a pressão sobre o capital silvopastoril é acentuada por uma concentração do gado na floresta.
Diante disto, que abordagem deve ser considerada para sistemas pecuários extensivos em dificuldade, numa perspectiva de desenvolvimento silvopastoril sustentável?

- Quais são os principais obstáculos ao manejo silvopastoril sem prejudicar a sustentabilidade e a regeneração das florestas naturais?
- Que tentativas foram feitas para intervir, e que

O que podemos aprender com isto?

- Qual a abordagem global e as orientações estratégicas a propor e implementar

Como podemos superar os obstáculos identificados?

Este livro tenta responder, através dos diferentes capítulos propostos, elementos de luz sobre estas questões e isto, com o objectivo de libertar pistas de melhoria encarregadas de melhor orientar as escolhas e as perspectivas de alinhar as práticas pastoris com o contexto socio-ecológico dos espaços silvopastoris de Marrocos e, consequentemente, estabelecer uma base de gestão e desenvolvimento nas zonas florestais e periflorestais do país.

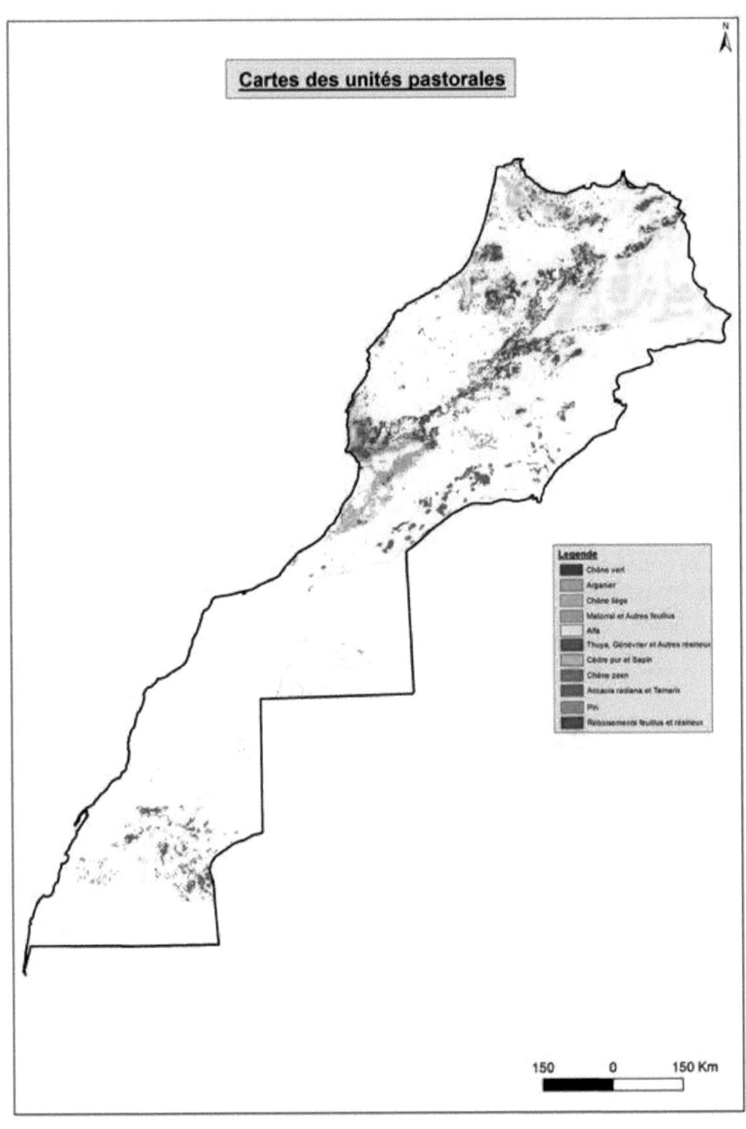

Figura 1: Mapa de unidades pastoris

A importância das florestas para a produção pecuária está na oferta de forragem, estimada em cerca de 1,5 bilhões de unidades forrageiras por ano em um ano normal. O capital de fitomassa foliar do estrato arbóreo e arbustivo, que pode desempenhar um papel de reserva estratégica de forragem em períodos de fome e escassez para a população local e os criadores de gado provenientes de outras zonas mais afectadas pela seca. De facto, o pastoreio nas florestas ascende a mais de 10 milhões de cabeças (5.300.000 ovelhas, 4.000.000 cabras e 700.000 bovinos), ou seja, 45% do gado nacional. As necessidades forrageiras deste gado excedem 3,4 bilhões de UMF, dos quais 1,5 bilhões são fornecidos pela própria floresta.
Estas áreas e os recursos nelas existentes estão sob pressão crescente das populações de utilizadores devido a vários factores, os mais importantes dos quais são

- As transformações e revoltas nos sistemas de uso e desenvolvimento da terra em geral, e nos sistemas de pecuária em particular, como resultado dos efeitos combinados de factores históricos, socio-económicos, políticos e culturais e de factores relacionados com o ambiente físico;
- A fragilidade das motivações ecológicas em favor de argumentos produtivistas na maioria dos projetos e programas de desenvolvimento pecuário e de sertanejo em zonas áridas e semi-áridas.

O problema atual da floresta como recurso forrageiro pode ser caracterizado pelos seguintes fatos:

- A pressão animal geralmente excede a capacidade produtiva;
- Períodos de pastoreio descontrolados e desarrazoados, baseados nos imperativos da gestão sustentável dos recursos e no óptimo necessário entre os estratos lenhosos e herbáceos;
- Uma elevada procura de forragens, combinada com a selectividade dos animais na vegetação, que resulta numa diminuição da disponibilidade de espécies palatáveis (ou da marcada sazonalidade desta disponibilidade), levando os pastores locais, na época de escassez, a recorrer à poda, comprometendo assim a base da produção de madeira e a sua sustentabilidade;
- O trabalho de pesquisa é raro, especialmente aquele que com acompanhamento suficiente ao longo do tempo. De facto, é este tipo de trabalho que é capaz de fornecer avaliações e bases técnicas orientadas por tipo de ecossistema e por tipo de acção de gestão.

O sobrepastoreio é considerado a principal causa da degradação da serra. É uma consequência directa do aumento do número de pequenos ruminantes e dromedários, uma vez que os rangelands são a sua principal fonte de alimento. Em termos de pressão de pastoreio, comparar a carga animal real com a carga de equilíbrio permite avaliar o coeficiente de sobrepastoreio, que continua a ser o melhor indicador de pressão. As fontes de informação que podem fornecer informações sobre este parâmetro são ainda muito raras e díspares.

Uma tentativa de avaliar os níveis de pressão exercida pelo gado sobre os recursos silvo-pastoris foi realizada como parte do presente estudo. O produto desta actividade está ilustrado no mapa abaixo.

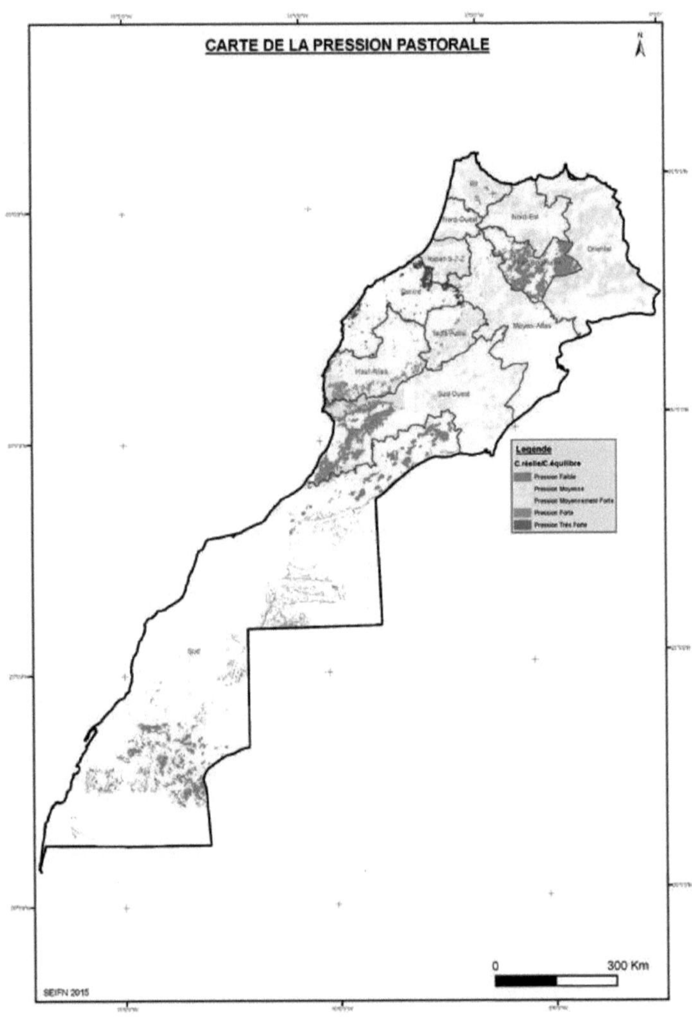

Figura 2: Mapa de pressões pastorais

Em suma, ainda existe uma desproporção preocupante entre o potencial pastoral das florestas e serras e o verdadeiro fardo a que estão sujeitas. As florestas ou estepes são incapazes de satisfazer as necessidades forrageiras do gado, que na realidade são mantidas pelos recursos forrageiros gratuitos oferecidos pelas áreas de pastagem florestal e não florestal, por um lado, e graças aos produtos e subprodutos da agricultura que as terras cultivadas geram, além da alimentação do gado disponível no mercado.
Por outro lado, a pecuária silvestre-pastoral proporciona uma certa segurança social num ambiente muito precário e permanece uma base para a organização económica e social das populações. Esta situação dificulta a boa gestão dos domínios silvo-pastoris e constitui um travão à melhoria e ao desenvolvimento sustentável dos ecossistemas silvo-pastoris.

3.2- Estado de degradação das áreas florestais.

Até há pouco tempo, a serra estava num estado de equilíbrio caracterizado por uma adequação entre as potencialidades oferecidas por estas terras e os diversos usos relacionados com as diferentes actividades desenvolvidas pelas comunidades pastoris que ali viviam. No entanto, desde os anos 60, sob a pressão do crescimento e da demografia que o país tem sofrido, esse equilíbrio tem sido perturbado, levando à grave degradação desses ambientes como resultado de sua gestão irracional, do sobrepastoreio, da coleta de lenha, do desmatamento e das secas.
Todos estes factores levaram à deterioração do ambiente pastoral e prejudicaram a sustentabilidade dos sistemas pecuários extensivos. Esta deterioração, que se manifesta por desequilíbrios ecológicos e socioeconómicos, acabará por conduzir à desertificação destes ambientes frágeis.
Hoje, a tendência geral de declínio da vegetação, com flutuações específicas de cada região, é inegável.
Entre os múltiplos factores de degradação dos recursos silvo-pastoris, três tipos principais são os mais importantes, nomeadamente, factores naturais (devido a alterações planetárias globais); factores antropogénicos (devido a actividades humanas) e certas modalidades de gestão dos recursos naturais.
O mapa da vulnerabilidade ao sobrepastoreio, que foi elaborado através do cruzamento de mapas de pressão, estágios bioclimáticos e índices de resiliência dos ecossistemas silvo-pastoris, tornou possível destacar o estado de vulnerabilidade dos recursos silvo-pastoris à escala nacional (ver mapa abaixo)

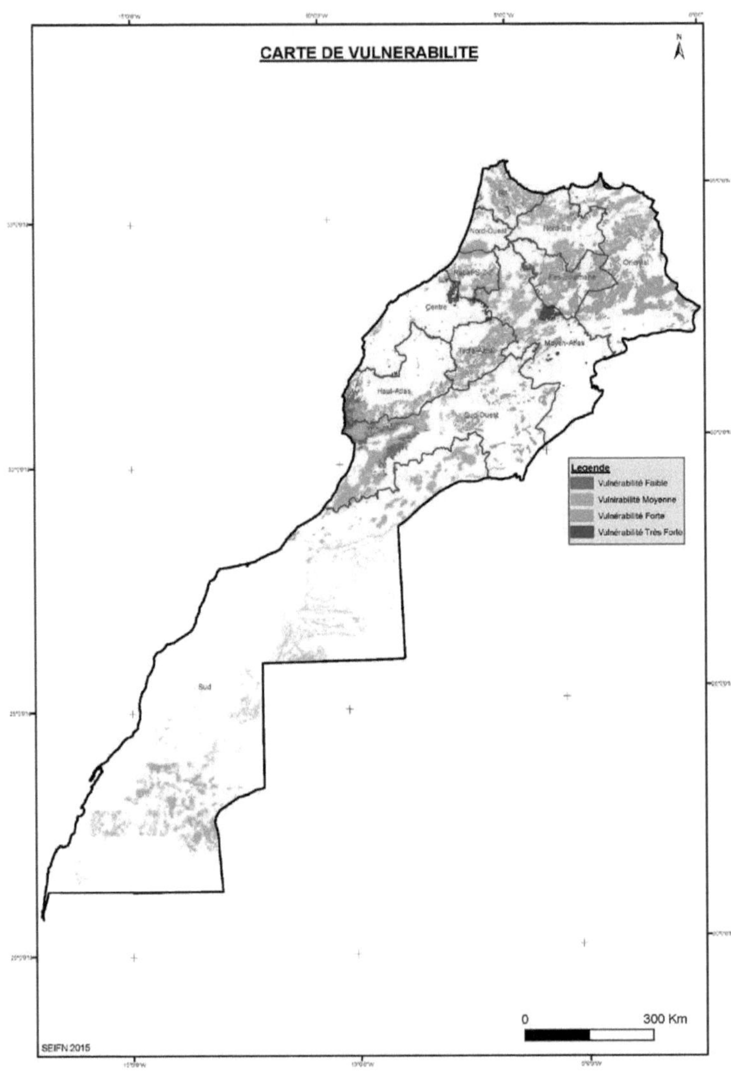

Figura 3: Mapa de vulnerabilidade das áreas pastoris e silvopastoris

3.3-Gestão das áreas silvopastoril e pastoral

A gestão sustentável das áreas silvopastoris faz parte de um contexto global que é importante especificar e esclarecer para melhor identificar as questões de desenvolvimento e os constrangimentos relacionados com o sector e definir claramente as orientações estratégicas para a melhoria.Globalmente, os sistemas silvopastoris e pastoris são complexos e utilizados em complementaridade e alternância, os recursos forrageiros dos vários componentes do meio ambiente (agricultura, floresta, sertanejo), podemos distinguir :

- Sistema Agro-pastoral

É um sistema estável, com interdependência entre as fazendas e os campos. A sedentarização tem sido progressiva e a evolução tem sido favorecida por vários factores, nomeadamente a estabilidade política e administrativa desde o início do século passado. A sedentarização só teve lugar no início do século XX, na maior parte das planícies atlânticas e nas outras zonas florestais. O fenómeno tornou-se mais marcado no início dos anos 80.

- Sistema Agro-silvo-pastoral

É um sistema baseado na exploração, de forma complementar e racional, dos recursos agrícolas, silvopastoris e pastoris. A exploração é assegurada através de movimentos sazonais de transumância cujas datas e itinerários são regulados pela comunidade (Jmaâ) com o respeito dos direitos de passagem para as finalidades compostas.

No caso das aldeias que não têm esta diversidade de terras, as comunidades assinam contratos de troca de terras de pastagem com outras aldeias, estabelecendo a duração da estadia e o número máximo de cabeças de gado permitido.

- Predominantemente silvopastoral

Este sistema é baseado, como o anterior, na exploração complementar e racional de pastos ecológica e geograficamente diferentes, de acordo com o sistema de transumância. A particularidade deste sistema reside no componente agrícola, que permanece limitado ou quase inexistente na sua contribuição para o programa de alimentação do rebanho.

3.4-Os principais tipos de áreas silvo-pastoris

As áreas silvopastoris em Marrocos estão divididas em quatro tipos principais:

(i) A vegetação de estepe das zonas do Saara e pré-saariana está geralmente degradada devido a uma combinação de fatores climáticos e humanos. No entanto, as vastas extensões de pastagens permitem alargar o raio de movimento dos rebanhos e oferecem uma flexibilidade relativamente ampla em termos de exploração pastoral;

(ii) As serras e florestas do Médio e Alto Atlas que são utilizadas no Verão, mas também na Primavera como reservas de forragem para rebanhos transumantes;

(iii) As pastagens das camadas alfatière que ocupam vastos espaços na zona oriental, que constituem também uma importante reserva forrageira para os rebanhos do Beni Guil, mas que estão ameaçados por uma exploração maciça e anárquica;

(iv) As pastagens estepárias das altitudes médias das montanhas continuam a abrigar espécies de bom valor pastoral. Estas serras estão ameaçadas pela colheita abusiva de populações sedentárias e pela permanência cada vez mais prolongada dos rebanhos, devido às dificuldades crescentes de acesso às serras de baixa altitude no Inverno, após o desenvolvimento da limpeza e cultivo das terras. Além disso, a grande vulnerabilidade dos recursos pastoris nestas áreas é devida aos efeitos dos riscos climáticos.

3.5-Problemas e questões de gestão sustentável da silvopastorícia osistemas

3.5.1- Recursos silvopastoris irregulares ameaçados pela degradação

Tendo em conta a escala do crescimento demográfico nas áreas florestais e periflorestais, a sedentarização dos pastores, o crescimento da economia de mercado e a recorrência das secas, os modos e práticas de utilização das áreas florestais sofreram alterações profundas que levaram a grandes desequilíbrios entre a oferta e a procura de pastagens nas áreas florestais. Esta situação é acentuada pela natureza do clima mediterrânico, que está sujeito a variações de temperatura e a irregularidades na pluviosidade, tanto no tempo como no espaço. Esta situação expõe periodicamente a actividade pastoril ao risco de escassez de forragem associada a riscos climáticos.Esta situação é acentuada pela natureza do clima mediterrânico, que está sujeito a variações e irregularidades na precipitação e temperatura ao longo do tempo e do espaço, o que expõe periodicamente a actividade pastoril aos riscos de escassez de forragens ligados aos riscos climáticos.Historicamente, a atividade pastoril adaptou-se às variações e irregularidades climáticas através de práticas de manejo de terras e recursos, através do uso alternado e específico de pastagens de verão e inverno por meio de movimentos de rebanho regulados e da prática de desgalhamento de povoamentos florestais no outono e inverno durante o período nevado em alta altitude.No entanto, nas últimas décadas, o contexto e os sistemas da atividade pastoral sofreram profundas mudanças. De fato, a atividade pastoral tornou-se muito dependente de recursos silvopastoris livres, quaisquer que sejam as condições climáticas e praticamente durante todo o ano. Em caso de riscos climáticos, seca ou frio, a pressão sobre a capital silvopastoril é acentuada por uma concentração de gado na floresta. Além disso, o Departamento de Água e Florestas (2013) estabeleceu, em seu programa de ação nacional de combate à desertificação (PANLCD), um estado de pressão pastoral por zona homogênea. Este estado mostrou que a maior parte do território nacional permanece a uma pressão forte ou excessiva da ordem de 22 a 58% nas oito zonas homogéneas identificadas).

3.5.2- Um défice de forragem relacionado com a retirada excessiva de recursos pastoris

Os vários estudos de manejo pastoral e silvopastoril revelam que a produção de estepes e serras florestais é claramente inferior à demanda do gado nessas áreas com um déficit de forragem superior a 30
%. É evidente que estes campos, por si só, não podem satisfazer as necessidades do gado, que é mantido pelos recursos forrageiros gratuitos oferecidos por estas áreas pastoris dentro e fora das florestas.

Como resultado, a colheita de recursos forrageiros nestas áreas excede em muito o seu potencial, levando a uma disfunção na dinâmica destes ecossistemas, o que a longo prazo resultará na sua desertificação futura. Para ilustrar isto, apresentamos o caso de três ecossistemas:

Caso do Arganeraie :

As formações vegetais da floresta de argan são diversificadas e correspondem a ecossistemas naturais silvícolas, préflorestais e macaronésicos e estendem-se por cerca de 870.000 ha.

O potencial pastoral da floresta argentina permanece variável: de 90 a 300 unidades forrageiras por hectare (UF/ha) com uma média num ano normal de 200 UF/ha, o que dá uma oferta global de cerca de 166 milhões de unidades forrageiras por ano e constitui uma reserva forrageira vital para uma área marcada pela aridez e onde a produção pastoral fora da floresta é quase inexistente.

O número de cabeças de gado (pequenos ruminantes) que pastam nos arganeraie está estimado em 1,5 milhões de cabeças e é dominado por cabras (70% do total). A carga animal média é superior a 1,8 UPB/ha e varia de acordo com as diferentes fácies silvopastoris de 1,5 a 4 UPB/ha, para um rebanho que utiliza a floresta durante todo o ano, a que se junta a particularidade das cabras que praticam o pastoreio aéreo subindo às árvores de arganeraie para pastar a folhagem e os frutos (nozes de argan). Com base nas necessidades de uma pequena unidade pecuária (300 UF/UPB), as necessidades de pastagem do rebanho de argan são avaliadas em 450 milhões de unidades forrageiras, em comparação com a produção pastoral do argan grove (166 milhões de UF), o argan grove
contribui em mais de 37% para o equilíbrio das forragens.

A economia pastoril da região continua dependente da contribuição forrageira da argânia, que condiciona em grande parte a tradição da serra florestal. A falta de água e a falta de pastoreio são os dois principais limites para o desenvolvimento do gado tradicional.

Caso do Atlas do Meio (província de Ifrane) :

A criação silvopastoral no Atlas do Meio é não só uma actividade entre outras, mas também um modo de vida. O seu funcionamento não obedece a uma estrita racionalidade económica, mas permanece intimamente ligado às condições históricas, às estruturas sociais, aos valores tradicionais e às instituições, tanto ou mais do que às condições ecológicas e climáticas. Não devemos perder de vista os princípios que regem o funcionamento da pecuária extensiva, que podem ser resumidos da seguinte forma: Na província de Ifrane, a área pastoral e silvopastoral abrange uma área de 263.000 ha, ou seja, 72% da área total de toda a província (365.000 ha), representando uma área pastoral típica das zonas montanhosas do Atlas Médio. Esta área pastoral é utilizada durante todo o ano por um rebanho baseado em pequenos ruminantes de cerca de 825.000 cabeças, dominado em 88% por ovelhas. O tamanho médio de uma fazenda na província é de 100 cabeças, com um máximo de 212 e um mínimo de 26 cabeças.

As necessidades de gado estão estimadas em 138 milhões de unidades forrageiras. Em comparação com a produção pastoral global na floresta e na serra coletiva, estimada em 71,8 milhões de unidades forrageiras, as áreas silvopastoris e pastoris (serra coletiva) contribuem com 35% e 17%, respectivamente, para o equilíbrio forrageiro da província.

A baixa produtividade da serra, em média 250 UF/ha/ano, combinada com uma alta carga animal de 1,5 a 4 vezes o potencial forrageiro e um déficit forrageiro superior a 32%. Este desequilíbrio óbvio leva a longo prazo ao declínio dos recursos silvopastoris, por um lado, e do fluxo de caixa do criador, por outro.

As consequências óbvias do sobrepastoreio são a ausência de regeneração natural das formações florestais e o empobrecimento da biodiversidade, o que resulta na disfunção do ecossistema silvopastoril, que só está a piorar. Além disso, a região do

Atlas Médio continua marcada por rebanhos em associação que se associam nesta região, porque o investimento em gado como economia de dinheiro atrai especuladores financeiros. Tal tendência, se não for corrigida, comprometeria tanto o ecossistema silvopastoril como a economia local, já que os lucros obtidos não beneficiam as áreas florestais e periflorestais.

Caso de áreas desérticas :

Nas zonas periféricas desérticas dos oásis do sul, a produção total de forragem das nove fácies pastoris é estimada em média em 1.290.000 UMF/ano. Esta produção pastoril pode cobrir quase 70

das necessidades totais dos rebanhos em pastagem, cujas necessidades de forragem ascendem a

□ 1.834.000 UF/ano, ou um déficit de forragem de cerca de 30%.

O estado actual da vegetação nestas áreas, a limpeza contínua para as necessidades energéticas e a sucessão de períodos de seca apenas acentuam as lacunas entre a oferta e a procura. Além disso, o maior déficit de forragem ao nível das explorações agro-pastoris é um constrangimento para a resiliência da vegetação dentro da serra.

3.5.3- Conflitos de uso de áreas silvopastoris

Desde 1917, as terras silvipastoris foram transformadas de propriedade de comunidades étnicas em áreas estatais com direitos de uso regulamentado. Assim, os direitos de uso reconhecidos pelo legislador simplesmente refletem os direitos de acesso e uso dos bens e serviços prestados pelas florestas desde tempos imemoriais. No entanto, o exercício destes direitos sempre foi integrado num sistema de exploração e gestão racional e sustentável dos recursos naturais, regulado e controlado pela instituição tradicional do Jmaâ.

Assim, os direitos de uso sempre foram exercidos de acordo com as regras do direito consuetudinário a serem respeitadas pelos usuários. Por exemplo: datas e períodos de transumância para as montanhas ou para os planaltos; locais de descanso temporário

□ Agdal" para o uso diferido de pastagens húmidas de alta altitude.

Os principais fatores que perturbam esses direitos de uso são

principalmente :

✓ Erosão das organizações costumeiras e seus papéis na regulação das práticas pastorais;

✓ Tendência de tomar posse de caminhos colectivos ;

✓ Factores de mudança no exercício dos direitos de posse nos ecossistemas de argânia, reflectidos pela transumância de rebanhos de camelos das províncias do sul.

As consequências de todos estes fenómenos e a evolução das práticas dos utilizadores levaram à degradação dos recursos pastorais e silvo-pastoris, cuja extensão se torna cada vez mais alarmante, especialmente numa situação de seca num contexto de mudança climática.

Alguns mecanismos já foram iniciados pelo Departamento de Águas e Florestas em termos de parceria e co-gestão das florestas (compensação por set-aside em particular, cooperativas florestais, etc.), que constituem a base para alargar o processo de consulta e gestão participativa dos recursos naturais, ao qual devem ser integrados outros actores interessados nas áreas rurais.

3.5.4- Aumento dos delitos pastorais: sondagem dos povoamentos florestais

Devido à sua fitomassa verde, persistente e mobilizável durante todo o ano, os povoamentos florestais, especialmente as árvores decíduas (azinheira, sobreiro, argânia) e mesmo as árvores coníferas (cedro e thuja), permanecem sujeitos a desgalhamento e cobertura, cujos produtos servirão de forragem suplementar para o gado nas zonas florestais e periflorestais. Além disso, os pastores habituados às práticas de desgalhamento em anos de seca, irão adoptar estas práticas mesmo em anos de bom clima, sem tentar levar o gado a procurar a disponibilidade de forragens nas várias serras.
Em suma, o pastoreio na floresta muda do pastoreio directo do gado no estrato herbáceo em anos climáticos normais para o pastoreio indirecto, através de práticas de topping e desgalhamento em povoamentos florestais em períodos de seca e particularmente em períodos de neve em zonas montanhosas.

3.5.5- Mau conhecimento dos sistemas silvopastorais e uso insuficiente da experiência

O trabalho de pesquisa no campo silvo-pastoral é geralmente insuficiente. De facto, é este tipo de trabalho que é capaz de fornecer avaliações e bases técnicas orientadas por tipo de ecossistema e por tipo de acção de gestão. Entre as ligações mais fracas que têm impedido os esforços consideráveis feitos pelo Departamento de Águas e Florestas para implementar programas de melhoramento silvopastoril é a insuficiência, se não a ausência, de pacotes e referências científicas e técnicas para a escolha e diversificação do material vegetal (espécies indígenas) adaptadas ao contexto das áreas a serem desenvolvidas e ao constrangimento climático.
Existe também uma consciência da necessidade de fortalecer o Departamento de Água e Florestas e as instituições que gerem os recursos pastoris e a pecuária extensiva, em particular as autoridades locais, em termos de gestão da serra e de conflitos de uso.

3.5.6- Um problema de múltiplos factores (multidimensional) e falta de visão comum

A actividade de criação é multi-sectorial, multiactorial e é desenvolvida nos três componentes dos territórios: floresta, colectivo e agricultura. De facto, as áreas silvopastoris são representadas por florestas estatais e terras de uso colectivo, demarcadas ou não, geridas por entidades humanas de acordo com regras e costumes que evoluíram ao longo do tempo com uma multiplicidade de intervenientes e muitas vezes missões não convergentes.
As políticas e as instituições responsáveis pela gestão de terras de guarda-florestal diferem de acordo com o estatuto legal da terra.

✓ As áreas florestais pertencem ao domínio privado do Estado e estão sob a supervisão administrativa e técnica do Departamento de Águas e Florestas, cuja principal missão é a gestão sustentável dos ecossistemas florestais;

✓ Rangelands não florestais: coletivos ou tribais são propriedade de comunidades étnicas e governados pelos Dahir de 1919, que estipula o direito de decisão e gestão nas mãos da instituição Niaba (representantes de grupos étnicos). Estas terras estão sob a supervisão administrativa do Ministério do Interior e a supervisão técnica do Ministério da Agricultura.

✓ Campos de palha e pousios: são propriedades privadas ou privatizadas

resultantes da partilha e apropriação de terrenos colectivos.
No entanto, a coordenação e convergência das várias estratégias sectoriais nesta área é necessária para abrandar o nível de degradação dos ecossistemas silvopastoris num contexto marcado por mudanças globais. A coordenação em torno de projetos pode produzir resultados em termos de harmonização das intervenções dos diferentes atores para um objetivo comum: **a restauração e o desenvolvimento de áreas florestais e pastoris.**

3.5.7- Conclusão

Em conclusão, a análise das várias práticas pastoris e planos de desenvolvimento para áreas pastoris e silvopastoris, e seus impactos no futuro e na preservação dos recursos silvopastoris e na condução de sistemas de pecuária extensiva, tornou possível a identificação de um certo número de resultados:
- Quadros regulamentares e institucionais e planos de desenvolvimento que favorecem a sedentarização: a maioria das instituições não integra na sua estratégia de intervenção a reabilitação da pecuária extensiva e móvel e a maioria dos programas financiados são essencialmente dirigidos aos criadores de gado sedentários;

✓ A busca de uma adequação entre instituições modernas e tradicionais: os subsídios concedidos pelo Estado não se destinam a estruturas tradicionais, levando à alteração das práticas pastorais tradicionais;

✓ Os mecanismos de financiamento não estão adaptados às necessidades da pecuária extensiva e estão apenas fracamente orientados para a melhoria da gestão das terras de cultivo.

✓ Os projetos de manejo pastoril e silvopastoril não têm sido capazes de levar em conta a evolução sócio-ecológica das áreas florestais e pastoris e, portanto, têm enfrentado a dificuldade de traduzir as racionalidades técnicas em realidade. Esta análise crítica torna necessário repensar a gestão dos ecossistemas silvopastoris no quadro de uma abordagem participativa e de parceria com os diferentes actores, a conservação da biodiversidade, a luta contra a desertificação e a adaptação às mudanças globais.

Assim, a área silvipastoril constitui um capital natural que deve ser conservado e renovado e deve ser considerado como uma constante na gestão do território rural com as suas estruturas humanas. Esta visão requer um alinhamento entre os imperativos do desenvolvimento sustentável dos recursos naturais a longo prazo e os objectivos a curto prazo do desenvolvimento humano das populações locais.

CAPÍTULO IV: ASPECTOS LEGAIS E REGULAMENTAÇÃO PASTORAL NA FLORESTA

4.1- Preâmbulo

No início do século XX, a modernização das regras relativas ao direito de vaguear foi gradualmente imposta sob o Protectorado, tendo em vista o controlo político das comunidades étnicas, particularmente em terras tribais. Ao longo dos séculos, o uso das florestas pelas populações ribeirinhas deu origem a práticas que se tornaram habituais e que a legislação acabou por regulamentar de forma a preservar o equilíbrio entre a população e a floresta.A Autoridade Protectora submeteu essas tribos e suas terras à supervisão administrativa do Estado, ou seja, a um regime de dependência absoluta, em virtude do dahir de 10 de Outubro de 1917 relativo à conservação e exploração das florestas e o de 27 de Abril de 1919 que organizava a supervisão administrativa das comunidades indígenas e regulamentava a gestão e alienação da propriedade colectiva. A interferência do direito moderno não substituiu realmente os direitos consuetudinários, o que significa que nem sempre é bem percebida, o que complica a situação de posse da terra e se reflete, em muitos casos, na gestão conflituosa dos recursos silvopastoris e pastoris. É esta fraqueza jurídica que permite abusos e provoca conflitos. Nas áreas florestais, o direito de pastoreio das populações ribeirinhas constitui um direito de uso enxertado nas diversas formações florestais, que considera essas populações como usuários de direito.Em termos de áreas florestais, a regulamentação pastoral em vigor baseia-se em dois Dahirs básicos: o Dahir de 10 de Outubro de 1917 sobre a Conservação e Exploração das Florestas, em particular a Ordem de 15 de Janeiro de 1921 que regulamenta a forma como o direito de pastoreio é exercido nas florestas estatais, e o Dahir de 20 de Setembro de 1976 sobre a organização da participação da população no desenvolvimento da economia florestal na prática. Estes textos definem os usuários como aqueles que pertencem a uma tribo ou facção que faz fronteira com a floresta ou aqueles que estão acostumados à transumância ali desde tempos imemoriais. Eles especificam que a vedação deve ser estabelecida com a finalidade de reconstituir e reabilitar os povoamentos florestais. De acordo com a tradição, a extensão da reserva não deve exceder 20% do estoque florestal. Estes textos encorajam-nos a reinvestir um mínimo de 20% das receitas florestais em actividades de desenvolvimento florestal local no âmbito de projectos comunitários e responsabilizam o conselho municipal eleito pela organização das populações no exercício dos seus direitos de uso, que incluem práticas pastoris. Nas regiões florestais, a gestão das áreas silvipastoris baseia-se em práticas jurídicas que combinam a lei tradicional, a lei de terras muçulmanas e a lei estatal moderna. O direito consuetudinário tradicional é um aspecto essencial da própria identidade das comunidades locais. O direito consuetudinário define os direitos, obrigações e responsabilidades dos membros em aspectos importantes das suas vidas, incluindo o acesso e a utilização dos recursos naturais. O direito tradicional, que se aplica às comunidades étnicas onde os espaços são organizados em territórios e são para uso colectivo, remonta aos tempos pré-islâmicos em Marrocos. Esta lei tradicional é actualmente uma referência, uma vez que incorpora múltiplas práticas relacionadas com a exploração dos recursos naturais, o pastoreio e a gestão dos recursos hídricos. Estes usos são por vezes registados nos costumes mas na maioria dos casos baseiam-se na lei oral que não se baseia em qualquer outra prova que não seja o reconhecimento pelo vizinho e a antiguidade comprovada reconhecida pelo uso. Após o estabelecimento do Islão, a lei de terras muçulmanas estipula que "a terra pertence a Deus e portanto ao seu representante o Sultão". A lei muçulmana funciona segundo dois princípios, o da livre utilização dos recursos naturais (que de facto proíbe qualquer apropriação individual) e o da vivificação (Ihyaa), o que significa que a terra pertence à pessoa que a utiliza e a faz viver (cultivar um campo, cavar um poço ou construir uma casa). Assim, a prática é reconhecer a exclusividade da disposição de um pedaço de terra àquele que tomou a iniciativa de o desenvolver.

4.2- A legislação florestal e pastoral

Até ao início do século XX, a sociedade marroquina estava organizada em grupos étnicos (tribos, fracções, etc.), cada um dos quais tinha um território de influência que tinha de defender e explorar colectivamente. Durante este período, quando predominava a ordem tribal, a floresta, assim como as terras de pastagem e cultivo, constituíam propriedade comunitária para a comunidade e a propriedade privada individual era quase inexistente. Desde a promulgação da lei florestal no início do século passado (1917), as áreas florestais foram classificadas como um domínio florestal pertencente à comunidade nacional e cuja gestão é confiada à administração florestal. Tendo em conta as práticas habituais das populações locais na floresta, o legislador introduziu a noção de direito de uso no que diz respeito a estas práticas. Segundo esta lei, os direitos de uso são reconhecidos para as populações pertencentes às tribos e frações reconhecidas como usuários durante a demarcação da floresta, e esses direitos são intransferíveis e inextensíveis a outros (cf. Os direitos de uso referem-se principalmente à caminhada na floresta, à coleta de lenha (madeira morta) e madeira de construção para uso doméstico, e à coleta de plantas aromáticas e medicinais, dentro dos limites da capacidade produtiva da floresta. Estes usos são mais extensivos no caso do pomar de argão e incluem a recolha de frutos secos para a extracção de óleo de argão e o cultivo do solo, não tendo sido possível controlar o exercício dos direitos de utilização e não tendo os titulares dos direitos conseguido organizar-se para investir numa gestão responsável dos recursos florestais e pastoris. Esta situação tem sido agravada pela utilização abusiva destes direitos de utilização para fins comerciais e especulativos através da associação com não-utilizadores, que continua a ser a norma num sistema de economia de dinheiro que só pode prejudicar a sustentabilidade dos recursos florestais.

4.3- Compensação por desmatamento florestal (2002): uma ferramenta para a gestão concertada de recursos

Consciente da extensão do problema pastoral nas florestas, a Administração Florestal está constantemente a explorar todas as formas possíveis de encontrar soluções para este problema.
Além disso, para iniciar a organização dos usuários no exercício do pastoreio e do manejo das áreas de pousio florestal com o objetivo de regenerar e reconstituir as florestas naturais, a Administração Florestal reforçou o marco regulatório que rege o pastoreio em florestas ao promulgar um instrumento legal que institui a concessão de compensações para o pousio florestal (2002). Esta medida faz parte de uma dinâmica que visa mudar os textos legislativos que regem os direitos de uso no sentido de uma transferência gradual de responsabilidades para as populações locais organizadas, e é susceptível de reduzir a tensão de conflitos entre a administração florestal e as populações utilizadoras. De facto, esta medida é

semelhante à redenção temporária dos direitos de uso através da adopção de um mecanismo regulador para a gestão e compensação dos pousios florestais no âmbito do desenvolvimento concertado das áreas florestais.
As disposições regulamentares para a compensação estão estipuladas no Despacho nº 1855-01, de 21 de Março de 2002, que estabelece os limites, condições e procedimentos para requerer e conceder a compensação pela retirada de terras na propriedade florestal a ser explorada ou regenerada. Este mecanismo baseia-se num incentivo financeiro baseado na reaquisição temporária do direito de utilização das terras de pastagem em troca de uma compensação pelas superfícies retiradas da pastagem, através da concessão de um subsídio financeiro de 250 dh/ha/ano de pousio com uma superfície mínima elegível para compensação de 300 ha, excepto para as florestas de argão onde este subsídio é de 350 dh/ha/ano de pousio com uma superfície mínima elegível para compensação de 100 ha Este texto em fase de alteração (2020), aumentou o montante da compensação para 1.000 dh/ha/ano e 1.100 dh/ha/ano para o caso das florestas de argão que beneficiam de uma legislação especial (4 de Março de 1925) e que oferecia às populações ribeirinhas os direitos de utilização alargados à recolha das nozes de argão e à lavoura do solo florestal para culturas alimentares, principalmente de cevada.Além disso, este instrumento permitiu o aparecimento de uma dinâmica associativa das comunidades rurais utilizadoras em favor de uma gestão concertada dos recursos silvopastoris. Para isso, foram criadas associações pastoris com o objectivo de repensar o exercício dos direitos de pastagem e de os tornar compatíveis com a gestão sustentável dos ecossistemas florestais.
No final de 2020, cerca de 188 associações pastoris haviam sido criadas em todo o país e estavam co-gerindo quase 97.000 ha de áreas silvopastoris protegidas (ver tabela abaixo).
O mecanismo de gestão e compensação para a retirada de terras florestais adoptado desde 2002 está perfeitamente de acordo com esta lógica, que visa resolver o problema pastoral considerado como um factor determinante na desertificação dos ecossistemas florestais marroquinos. Esta opção, que foi construída em torno da organização das populações utilizadoras, tem o mérito de estimular uma gestão concertada dos recursos florestais e permitir às populações organizadas aproveitar as oportunidades oferecidas pelos recursos florestais e pelos projectos de desenvolvimento sustentável.
As associações pastoris, criadas dentro deste marco estratégico, são a forma apropriada de organização para que os usuários participem efetivamente na resolução das questões locais de conservação e desenvolvimento sustentável das florestas. A experiência adquirida no Marrocos mostrou que a gestão destas associações envolve um trabalho de engenharia pedagógica e social que requer tempo e know-how. Trabalhar em estreita colaboração com estas associações seria uma grande ajuda para lidar com a questão pastoral na floresta.
A evolução da iniciativa de compensação de pousio florestal desde sua implementação em 2005 até o final de 2020 é ilustrada na tabela e gráfico abaixo.

Tabela 2: Dados sobre a compensação por retirada de terras florestais

Anos	Área compensada (ha)	Número de associações pastorais	Número de membros
2 005	6 150	7	730
2 010	62 650	106	11 260
2 015	91 000	165	16 500
2 020	97 000	188	18 130

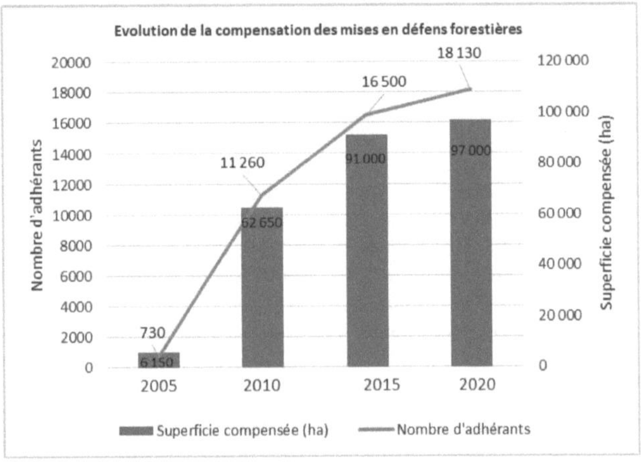

Figura 4: Evolução da compensação das clareiras florestais

Em última análise, o mecanismo de compensação por retirada de terras florestais (CMD) é semelhante ao conceito de Pagamento por Serviços Ecológicos (PSA), que surgiu na década de 2000. O Pagamento por Serviços Ecológicos (PSA) é um instrumento de incentivo que oferece remuneração em troca da adoção de práticas que favorecem a preservação dos recursos naturais e do meio ambiente. De facto, é um instrumento económico através do qual um produtor de serviço(s) ambiental, não sujeito a restrições, é remunerado pela implementação de práticas que assegurem a manutenção desse(s) serviço(s) ambiental. Sua abordagem envolve formas apropriadas de contratualização que podem envolver atores privados ou organizações comunitárias e atores públicos. No nosso caso, consiste em um acordo pelo qual um serviço de 'proteção' é remunerado pelas autoridades públicas aos usuários organizados da floresta que o consintam e se comprometem a prestar o referido serviço e assegurá-lo. Neste sentido, a concessão de uma compensação pela retirada de terras é assimilada a um pagamento por um serviço ambiental explícito, no qual as associações silvo-pastoris saberão que estão oferecendo um serviço ambiental quando aceitarem e garantirem o respeito pela retirada de terras florestais e que serão remuneradas por esta prática (condicionalidade da compensação).

4.4- Lei da transumância pastoral e do ordenamento do território pastoral e silvopastoral (2016)

4.4.1- Disposições legais

A nova lei n°113-13, publicada no Boletim Oficial n°6466 de 19 de Maio de 2016, estabelece os princípios fundamentais e as regras gerais que regem o desenvolvimento e a gestão das áreas pastorais e silvopastoris, a utilização e o desenvolvimento dos recursos pastoris, a transumância pastoral e a mobilidade do rebanho.
Estabelece o quadro legal para a organização, desenvolvimento e exploração racional e sustentável dos recursos pastoris, a garantia de terras para fins pastoris e silvopastoris, a garantia dos direitos de acesso e uso dessas áreas e seus recursos e a resolução de disputas que possam surgir da prática da transumância pastoral.Esta Lei também especifica as condições de acesso aos recursos pastoris e silvopastoris e à mobilidade do rebanho, bem como as obrigações dos proprietários de rebanhos que utilizam áreas pastoris e silvopastoris, em particular a preservação do meio ambiente, dos ecossistemas e dos bens públicos e privados localizados nas referidas áreas. Confere às autoridades competentes os poderes e deveres de organizar, regular, monitorar e acompanhar as atividades de transumância pastoral, a abertura de áreas pastoris e silvopastoris, a fixação de períodos de transumância, a mobilidade dos rebanhos e das populações que deles dependem.
Esta lei está estruturada em 7 capítulos (47 artigos):

- ✓ Capítulo I: Disposições gerais (Artigos 1 a 3)
- ✓ Capítulo II: A criação, desenvolvimento e gestão das áreas pastorais e silvo-pastoris (artigos 4 a 16)
- ✓ Capítulo III: Órgãos de gestão dos cursos (Artigos 17 a 20)
- ✓ Capítulo IV: Organizações profissionais de pastoral (Artigos 21 e 22)
- ✓Capítulo V: Condições para a prática da transumância pastoral e medidas para organizar a mobilidade do rebanho (artigos 23º a 31º)
- ✓ Capítulo VI: Procedimentos, infracções e penas (artigos 32º a 46º)
- ✓ Capítulo VII: Disposições transitórias e finais

4.4.2- Estudo técnico prévio à implementação da lei

A fim de acompanhar a implementação desta nova lei, foi decidido realizar estudos regionais para as diversas áreas pastoris e silvopastoris, cobrindo a variabilidade dos ecossistemas naturais, ecológicos e étnicos. Estes estudos consistem na realização das investigações necessárias para identificar, delimitar, caracterizar e inventariar as áreas pastoris e silvopastoris, assim como para descrever e analisar os modos de utilização destas áreas.

Os principais componentes deste estudo foram inspirados e concebidos de acordo com as disposições da Lei 113-13 e seus regulamentos de aplicação.
O estudo é estruturado em quatro fases, cada uma correspondendo a um objectivo bem definido (ver figura abaixo).

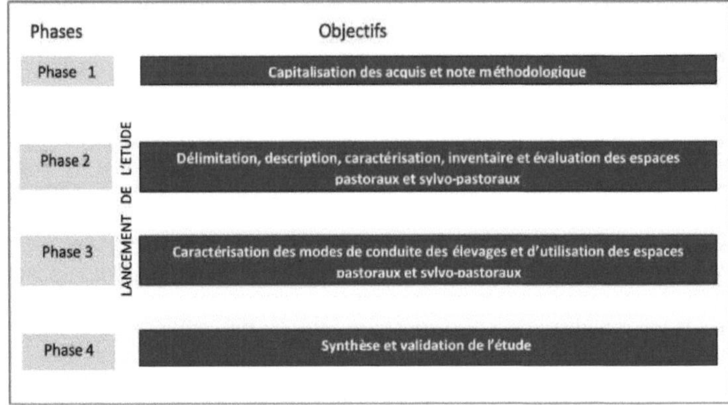

Figura 1: Diagrama que ilustra as diferentes fases do estudo

Cada fase foi concebida para cumprir um objectivo específico dentro de um período de tempo bem definido (ver figura abaixo)

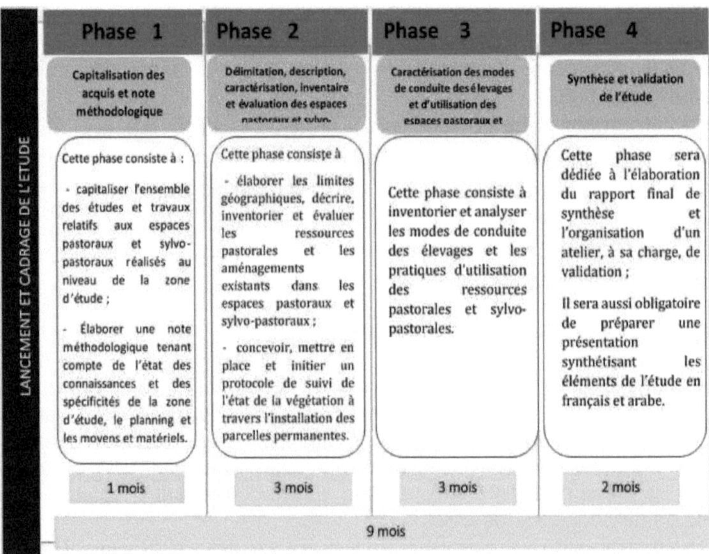

Figura 5: Exemplo de diagrama que ilustra os objectivos do estudo por fases

CAPÍTULO V: SILVOPASTORALISMO: UMA EXPERIÊNCIA MITIGADA ENTRE A REALIZAÇÃO E AS LIMITAÇÕES

5.1- Projetos de desenvolvimento pastoral e silvopastoral no Magrebe: Que capitalização.

As abordagens à gestão das áreas pastoris e silvopastoris, embora geralmente conhecidas, têm mostrado dificuldades na sua aplicação. Isto se deve muitas vezes ao quadro institucional geral, que não é muito favorável a este tipo de exercício.
De um modo geral, todas as operações de desenvolvimento e gestão de terras longínquas têm tido em conta, em diferentes graus, a necessidade de envolver os utilizadores. Os obstáculos ao sucesso dos programas são, em grande parte, de natureza sócio-institucional. É necessário operar em seqüência desde a identificação das unidades sócio-territoriais, sua estruturação, seu envolvimento no processo de desenvolvimento, até a fase final do próprio desenvolvimento (planejamento, gestão, monitoramento-avaliação e replanejamento, etc.). No que diz respeito à gestão técnica, sendo o objetivo restaurar a "saúde" do ecossistema, é necessário integrar em um programa coerente técnicas destinadas à reabilitação, conservação e melhoria da produção da serra, com técnicas destinadas à conservação dos recursos hídricos e do solo.Todas as avaliações convergem para a ideia de que os projectos tiveram um impacto muito baixo; não foram capazes de ter em conta as mudanças sociais e, portanto, depararam-se com a dificuldade de traduzir as racionalidades técnicas em realidade, mas os projectos evoluíram ao longo dos anos na sua formulação e implementação. Durante os anos 60, o foco foi mais na avaliação dos recursos naturais, sua renovação, gestão e potencial ambiental, e em ações destinadas essencialmente a aumentar tecnicamente a produção pastoral. A década seguinte assistiu, pelo contrário, ao surgimento de projetos mais integrados, com a preocupação de analisar a serra no contexto mais geral do sistema agrário, uma visão mais sistêmica, por assim dizer. Mas só nos anos 80 é que as noções de desenvolvimento participativo e de negociação com as populações envolvidas apareceram tímidas. Mesmo agora, com algumas exceções, não se pode dizer que a abordagem participativa seja parte da norma. País por país, as diferenças devem, naturalmente, ser sublinhadas.

5.1.1- Em Marrocos

Durante muito tempo, os silvicultores concentraram-se no rigoroso controle das reservas de regeneração no domínio pastoral. Os primeiros estudos para o manejo silvopastoril datam apenas dos anos 70. Foram experimentadas várias técnicas para melhorar os recursos: rotação dos pastos, fertilização pastoral, silvicultura ligada aos pastos (desmatamento, silvicultura pastoral, etc.), semeadura de plantas herbáceas, plantação de arbustos, divisão da área por cercas e quebra-ventos, etc. Existem, portanto, referências interessantes nas regiões onde foram implantados projetos: Maâmora, Bouhsoussen, Tanghaya, Ait M'hamed, etc. No entanto, na maioria dos casos, as operações de desenvolvimento têm enfrentado enormes dificuldades na organização dos beneficiários entre si. Aqui não faltam projectos, mas na situação actual, todas estas acções de desenvolvimento ainda não tiveram qualquer efeito tangível na alimentação do rebanho. Muito trabalho melhorou consideravelmente a base de conhecimentos, mas os programas de melhoramento pastoral não tiveram os efeitos esperados. Nos grandes projetos (Ain Beni Mathar, Ain Leuh, Timahdit

Aarid, etc.), o desenvolvimento só tem incidido sobre equipamentos: pontos de água, construção de estábulos, centros de alimentação. Poucos sucessos foram alcançados na transformação da cobertura vegetal e na organização da colocação de defesas.
Mais recentemente, os grandes projetos realizados no Atlas do Meio (Timhadit) parecem mostrar algum sucesso, mas as ações estão muito mais preocupadas com a criação de infra-estruturas do que com a reorganização da gestão pastoral.
De facto, o único verdadeiro sucesso, reconhecidamente provisório mas inegável, é o do Oriental Livestock and Rangeland Development Project (IFAD funding), que criou um novo tipo de cooperativa "etnolivestock" que tenta conciliar as vantagens de uma estrutura moderna com as de uma organização tradicional que gere os direitos de uso colectivo em terras de campo. As ações defensivas, que envolveram quase 300.000 ha, são as mais espetaculares e as mais decisivas no processo de adesão dos pastores ao projeto.
Além disso, o Projeto Conservação da Biodiversidade através da Transumância nas Encostas Sul do Alto Atlas Central (C.B.T.H.A.), realizado com o apoio do PNUD, foi lançado em 2000 por um período de 7 anos (novembro de 2000 - novembro de 2007). O projeto permite preservar, de forma significativa, a biodiversidade da encosta sul do Alto Atlas, adotando uma abordagem inovadora que integra a gestão de terras pastoris e a conservação da biodiversidade em um ecossistema baseado no pastoreio. O projecto visa assegurar um renascimento dos regimes de gestão de transumância, planeamento do uso da terra e incentivos inovadores para a conservação da biodiversidade das serras e da vida selvagem. O projecto prevê o estabelecimento de organizações pastoris para a gestão da transumância, planeamento do uso da terra, protecção de sítios-chave da biodiversidade através da criação da Reserva Saghro co-gerida.
Os resultados do projeto incluem:

✓ A organização da população local através da criação de organizações associações pastorais, associações de mulheres ou mistas, etc. ;

✓ Um vasto programa de incentivos foi lançado pelo Projeto para responder às necessidades prementes das populações e incentivá-las a aderir às atividades de conservação dos ambientes naturais. Entre estes incentivos, os fundos rotativos são um interessante factor de mobilização;

✓ Os esforços feitos para envolver os parceiros, treiná-los e sensibilizá-los, contribuir para um melhor conhecimento da biodiversidade e das questões de transumância pelos vários grupos interessados e para o seu envolvimento na programação e implementação das actividades do projecto.

✓ Reabilitação e desenvolvimento de pontos de água

✓ No entanto, o desenvolvimento de planos integrados de uso do solo foi adiado, com apenas um plano integrado para a área de uso do solo de M'goun a ser finalizado, enquanto para os outros três de Ait Zekri, Ait Sedrate e Imeghrane, ainda não foi feito um diagnóstico aprofundado a fim de identificar e planear as acções a serem tomadas para a população.

5.1.2- Na Argélia

Quatro períodos principais podem ser distinguidos para caracterizar a evolução do políticas de desenvolvimento para áreas estepárias :

□ De 1962 a 1975, a política agrícola estava naturalmente muito mais interessada nas terras ricas do Norte que tinham sido retomadas dos colonos. A criação na estepe das boas serras de cerca de cinqüenta cooperativas de pecuária (ADEP), dissolvidas em 1976, ainda não tinham atingido os objetivos técnicos estabelecidos. A outra realização foi o arranque da "barragem verde" que previa a plantação de uma floresta protectora de 15 a 20 km de profundidade nas fronteiras do deserto. Vinte anos mais tarde, o balanço mostra realizações mais modestas.

□ De 1975 a 1980, a revolução agrária produziu um código pastoral que pretendia transformar radicalmente a gestão das estepes através de uma poderosa intervenção estatal.

□ Na década de 1980 foi criado o Alto Comissariado para o Desenvolvimento da Estepe, que realizou alguns empreendimentos, plantações de forragens e replantio de sertanejas sem efeito apreciável. Certamente foram realizados sérios estudos e pesquisas sobre os recursos e seus métodos de gestão, mas como sempre não existe uma avaliação da viabilidade econômica e social das técnicas de desenvolvimento;

□ As novas reformas dos anos 90 iniciaram a liberalização da economia. Foi reconhecida a necessidade de envolver mais estreitamente os agro-pastoris no processo de desenvolvimento local.

5.1.3- Na Tunísia

Na região sul (Medenine, Tataouine, Kebili, Gafsa e Gabes), a agricultura recebeu apenas um modesto investimento público durante o período 1973-1985. Contudo, durante a última década, os governadores do oásis quase duplicaram o nível de seus investimentos públicos em relação ao período de 1973-1985:

□ A etapa da reforma agrária (1956-1970), após a nacionalização das terras dos colonos e a partilha das terras coletivas, é feita no âmbito das cooperativas.

□ O estado do acelerado retorno à privatização (1979-1988) e a integração do componente pastoral do desenvolvimento rural. As melhorias pastorais incluíram a plantação de arbustos forrageiros, nomeadamente de cactos e acácias...

□ A fase de conclusão da privatização (após 1981) que permitiu a submissão de 600.000 ha de área colectiva ao regime florestal.

Na área das forragens e dos recursos pastoris, o Estado estabeleceu alguns programas para desenvolver as culturas forrageiras, para acumular reservas para períodos de carência e escassez, plantando arbustos forrageiros (Acacia, Cactus, Atriplex, etc.) e para melhorar certas áreas pastoris. Na realidade, as intervenções nestas áreas têm sido geralmente modestas e sem impacto significativo na alimentação do gado, que tem permanecido em grande parte dependente da importação de rações estrangeiras e da disponibilidade local de subprodutos agrícolas.
Finalmente, o apoio financeiro ao sector continua a ser modesto; poucos sertões dentro e fora da floresta no Norte de África foram desenvolvidos de acordo com os princípios desenvolvidos ao longo dos últimos quarenta anos. É com este objectivo em mente que, nos últimos cerca de dez anos, os países da região se têm empenhado resolutamente numa política de promoção da pastorícia. Foram feitos esforços significativos para envolver mais os vários parceiros e para descentralizar os centros de tomada de decisão. Novas abordagens foram adotadas para acelerar a implementação da estratégia e assim compensar o atraso na implementação da gestão florestal. A tarefa é longa e árdua. Desde que o financiamento do sector

esteja disponível, os equilíbrios ecológicos perturbados pelo uso da serra serão gradualmente restaurados e será encontrado o muito procurado compromisso entre florestas, serras e gado.

5.2- Diretrizes e diretrizes para a condução de projetos de desenvolvimento pastoral e silvopastoral.

Há quase meio século, os países do Norte de África vêm tentando implementar projetos de desenvolvimento rural destinados a reabilitar florestas e serras, melhorar a produção pecuária e elevar o padrão de vida das pessoas. Os elementos básicos desta estratégia são baseados em :

- ✓ Conhecimento do contexto agrícola ;
- ✓ A necessidade de ter em conta as práticas pastorais ;
- ✓ Organização popular;
- ✓ Introdução à abordagem participativa.

5.2.1- Conhecimento do contexto agrícola

É importante notar que nos países do Magrebe, a economia rural baseia-se na agricultura alimentada pela chuva e na criação extensiva de pequenos ruminantes. A grande maioria dos agricultores (80%) são pequenos agricultores (UAA<5 ha) e/ou pequenos criadores de gado (<20 UPB). A produção agrícola e pecuária é caracterizada por resultados aleatórios, ligados às condições pluviométricas que são altamente variáveis de um ano para o outro. Assim, a capacidade de investimento dos produtores rurais, que permanece muito limitada, e consequentemente os passos de desenvolvimento a serem dados, dependerão em grande parte das contribuições do Estado. Além disso, a implementação de um programa de desenvolvimento silvopastoril e o estabelecimento de uma disciplina pastoral na floresta requerem um conhecimento prévio e preciso das sociedades que utilizam esta área pastoral, do seu comportamento em relação ao meio ambiente circundante e particularmente das suas expectativas em relação aos programas de desenvolvimento propostos. As opiniões das comunidades pastoris são buscadas e levadas em conta, e somente tecnologias simples, baratas e de inspiração tradicional serão empreendidas. O sistema de gestão proposto deve ter em consideração todas as áreas complementares à floresta dentro dos limites dos parques identificados e que são geralmente utilizadas pelo mesmo agrupamento humano (douar, fracção, tribo... ... ... A área assim listada onde o direito de pastoreio é reconhecido a um grupo social sem disputa chamado "parque pastoral" constitui a unidade de desenvolvimento silvopastoril onde os tratamentos previstos pela estratégia serão baseados com o apoio das populações que terão sido sensibilizadas para garantir a sua adesão ou mesmo a sua contribuição para a manutenção dos investimentos a serem feitos.

5.2.2- A necessidade de levar em conta as práticas pastorais

Marrocos, com o seu relevo, os seus climas fortemente contrastantes e a extensão das suas serras florestais, oferece uma diversidade notável em termos da estrutura das formações vegetais associadas a estas serras e dos estilos de vida das populações pastoris a elas associadas. No passado, as formas de utilização das serras eram o resultado das relações humanas entre os utilizadores da mesma área de terra e eram organizadas localmente no quadro tradicional do "jmaâ". Este órgão de decisão local rege as regras para o uso conjunto da área pastoral em tempos e estações relativamente bem definidos (Agdal, transumância, etc.).

No entanto, o boom demográfico, a sedentarização das populações pastoris e a progressão da economia de mercado resultaram numa redução das áreas pastoris em benefício da agricultura e levaram a uma convulsão no sistema de organização social, uma mudança na vocação dos pastos, que tem de apoiar a silvicultura, a agricultura, a arboricultura e a pecuária em proporções muito competitivas. Estes fatos têm induzido profundas mutações nas práticas tradicionais de uso do espaço pastoral na floresta.

Além disso, as práticas pastoris nas diferentes formações florestais variam de uma região para outra de acordo com os hábitos das populações pastoris, a importância das serras florestais em relação a outros tipos de serras complementares, os diferentes sistemas de pecuária, as espécies animais que ali são mantidas e os diferentes sistemas de produção agrícola associados às áreas periflorestais.

5.2.3- Organização popular

A relação da estrutura social com o espaço é regida por um conjunto de regras e relações sociais e de acordo com os diferentes tipos e status do espaço, seus usos e os correspondentes graus de coesão social. Os territórios de serra são mantidos a nível tribal, mas na prática cada fração tem seu próprio movimento territorial e utiliza determinadas áreas de serra de forma privilegiada. Deve-se notar que os limites deste movimento são frequentemente pouco marcados, e que as práticas de uso dentro de uma tribo podem variar de um grupo social para outro, e de um ano para outro, dependendo da extensão dos riscos climáticos e do estado da vegetação da serra. No conjunto, existe uma relação estreita entre a organização social e a organização do espaço pastoral, particularmente em termos de seu uso e da prática do nomadismo ou da transumância. Esta complexidade tem sido fatal para vários programas de desenvolvimento pastoral nos países do Magrebe e mesmo no mundo. A compreensão do funcionamento destes sistemas está se tornando um pré-requisito para uma melhor participação dos pastores em uma gestão mais racional da serra. Nos países do Magrebe foram feitas várias tentativas para criar grupos e cooperativas pastoris em Marrocos, associações de interesse colectivo na Tunísia, a maioria das quais se baseiam nas tradições pastorais e na organização social existente: (i) a adesão consensual de todos os criadores ao espírito da entidade criada em nível local, (ii) a participação efetiva dessas entidades no processo de planejamento, programação e implementação das ações decididas e (iii) a partilha de responsabilidades na tomada de decisões com os atores dos projetos (pesquisadores, gestores da propriedade florestal, autoridade local); (iii) a assunção gradual da responsabilidade por essas entidades dos custos ocasionados pelo desenvolvimento e manutenção dos investimentos. Ela requer a iniciação da população aos princípios do desenvolvimento participativo.

5.2.4-Introdução à abordagem participativa

A abordagem participativa baseia-se no estabelecimento de um diálogo permanente com as populações e os diferentes actores (serviços técnicos, comunas, autoridades locais...) e onde os pontos de vista locais das populações ribeirinhas são deliberadamente procurados e respeitados. Com efeito, a participação exige mudanças de atitude em relação ao sistema de gestão dos recursos naturais, às condições de implementação dos projectos florestais e à promoção de iniciativas privadas que permitam uma gestão progressiva e concertada das acções de desenvolvimento ao nível do terroir ou da serra.Atualmente, a ferramenta participativa ganhou certamente uma relevância renovada, pois foi reconhecido que ela pode atingir os objetivos tradicionais da gestão comunitária das áreas pastoris, assim como responder às preocupações mais recentes de sustentabilidade dos recursos naturais e de justiça social para as populações rurais em áreas periflorestais.Incentivada em particular por organizações internacionais no contexto do ajuste estrutural ou da Agenda 21, novas estratégias florestais estão surgindo no Magrebe. Elas exigem a participação activa das populações na gestão negociada da área florestal. Esta questão mostra o interesse em identificar e iniciar formas de organização operacional na gestão dos recursos. O desafio é avaliar o papel dessas entidades e, eventualmente, conceber as condições para que elas se tornem agentes de revezamento para a gestão sustentável das florestas e das serras.

CAPÍTULO VI: ABORDAGEM DE PLANEJAMENTO SILVOPASTORAL PREOCUPADA

6.1- Introdução

As populações das regiões florestais, que totalizam cerca de 7 milhões de pessoas, que permanecem principalmente rurais, obtêm a maior parte da sua subsistência das áreas florestais e realizam a criação de gado e a recolha de madeira e de produtos não lenhosos. De facto, a floresta é considerada pelas populações locais como uma reserva pastoral que pode ser utilizada durante todo o ano. Em um ano normal, ela fornece 1,5 bilhões de unidades forrageiras, ou seja, quase 17% do saldo forrageiro nacional.

A fim de ser integrado neste movimento internacional de desenvolvimento sustentável e luta contra a desertificação e conservação da biodiversidade, Marrocos adoptou instrumentos estratégicos: o estudo nacional sobre áreas protegidas (1996), o programa nacional de florestas (1999), o plano de acção para combater a desertificação (2001), e actualizado em 2011, o programa decenal 2005-2014.

As consequentes orientações destas estratégias visam inverter o processo de degradação dos recursos naturais, apoiando-se na sua gestão mas também em projectos integrados de desenvolvimento rural que respondam às necessidades socioeconómicas prioritárias das populações das áreas florestais.

Dada a função social e pastoral das florestas marroquinas, a gestão silvopastoril é uma ferramenta essencial para a gestão sustentável das áreas silvopastoris associadas aos ecossistemas florestais.

A gestão silvopastoral consiste em realizar uma série de análises que são essenciais para determinar a riqueza e o potencial do ambiente natural e especificar as necessidades socioeconómicas presentes e futuras. Estas análises orientarão a escolha dos objectivos, estabelecerão um zoneamento multifuncional da zona silvopastoril e determinarão, para cada zona identificada, os tratamentos silvícolas e pastoris a aplicar e os programas prioritários a levar a cabo.

Por fim, o manejo silvopastoril, que é a ferramenta de planejamento e manejo florestal de longo prazo, define as ações a serem realizadas na escala de um maciço florestal durante um período médio de manejo de 20 a 30 anos.

As abordagens à gestão silvopastoril têm acompanhado a evolução das políticas florestais e pecuárias, que têm sido marcadas pelas mudanças socioeconómicas que o país tem sofrido desde o início do século passado. Tendo adquirido nova experiência, o gestor desenvolveu gradualmente novos instrumentos técnicos para lidar com as restrições sociais e melhorar a produção de povoamentos florestais e de recursos silvopastoris.

A preservação do património silvopastoril requer a realização de um diagnóstico para descrever, compreender e estruturar os componentes do ambiente do ecossistema silvopastoril e as suas inter-relações. O manejo silvipastoril é a ferramenta à disposição do silvicultor para conciliar as necessidades atuais com a sustentabilidade da floresta. A evolução do conhecimento, das técnicas e das exigências da sociedade fez do manejo florestal uma ferramenta fundamental para o manejo sustentável dos ecossistemas florestais e uma ferramenta básica para a certificação do manejo florestal responsável.

A primeira gestão das florestas marroquinas data da década de 1930. Até hoje, cerca de 3.200.000 milhões de hectares de floresta foram manejados, ou seja, cerca de 66% das áreas florestais e silvopastoris que podem ser manejadas (4,8 milhões de hectares).

Os objectivos pretendidos por essa gestão baseiam-se na manutenção de condições que garantam a produção e sustentabilidade dos ecossistemas florestais e a satisfação da procura social de produtos florestais dentro dos limites da capacidade da floresta.

6.2- A abordagem e gestão concertada do desenvolvimento silvopastoral silvicultura multifuncional

Desde o início dos anos 2000, o Departamento Florestal tem desenvolvido uma nova abordagem de gestão silvopastoril baseada nos princípios do desenvolvimento sustentável, com vista a conciliar os imperativos de preservação e desenvolvimento dos ecossistemas silvopastoris com o desenvolvimento humano em áreas florestais e periflorestais.

Esta nova abordagem de gestão, conhecida como **"gestão silvopastoril concertada", baseia-se nas** vocações específicas dos ecossistemas a gerir, na identificação dos terroirs florestais, que são territórios de uso específico para cada grupo humano, e na classificação das parcelas em unidades de gestão, cada uma das quais estará sujeita a um método adequado de tratamento e regras de cultivo.

Esta nova visão também integra a dimensão ambiental e a conservação da biodiversidade, a luta contra a desertificação numa lógica de gestão florestal multifuncional.

Esta abordagem de gestão concertada, iniciada no início dos anos 2000 como parte do projecto de Gestão do Ecossistema Florestal do Rif, foi bem aproveitada como parte dos projectos de desenvolvimento integrado para as áreas florestais e periflorestais de Ifrane (210.000 ha) e Khenifra (48.000 ha). A abordagem de manejo concertado tem sido adotada desde 2006 na realização de estudos de manejo florestal.

A elaboração de planos concertados de manejo silvopastoril requer que as possibilidades de desenvolvimento e exploração de todos os recursos florestais sejam harmonizadas com a satisfação das necessidades da população, respeitando os objetivos de conservação e desenvolvimento. De fato, trata-se de identificar as vocações das diversas áreas florestais e silvopastoris e as formas mais adequadas de manejo para preservar e desenvolver os recursos de forma sustentável para o benefício comum da população e o interesse coletivo.Esta abordagem requer dar prioridade à participação da população local e das partes interessadas na elaboração do plano de manejo concertado que leve em conta os usos praticados, as possibilidades de valorização dos produtos florestais madeireiros e não madeireiros e a coerência dos programas de intervenção na zona florestal bem como na zona periflorestal por terroir O estabelecimento destes planos de manejo silvopastoril concertado baseia-se no conhecimento do ambiente de estudo, neste caso o desenvolvimento de

estudos básicos sobre o contexto florestal, geográfico e sócio-econômico da área;

- A identificação das vocações da área florestal em relação agestão multiobjectivo (ou multifuncional);
- A identificação de terroirs florestais que representam um espaço de movimentação de usuários e seus animais na escala de um espaço florestal bem definido;
- Diagnóstico e gestão participativa com o comunitários utilizadores (associações ou cooperativas) na gestão de certas áreas florestais ou na exploração e desenvolvimento dos seus recursos;
- A integração da biodiversidade, energia da biomassaprodutos florestais lenhosos e não lenhosos e da sertaneja na gestão e exploração das áreas. O diagrama conceptual da gestão concertada é apresentado na figura abaixo:

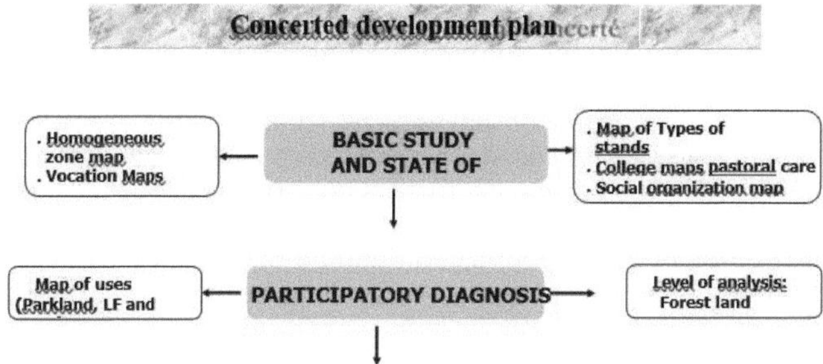

Modulação dos planos de manejo por área florestal

PLANIFICAÇÃO PARTICIPATIVA
. Programação de baixo para cima
. Workshops Participativos

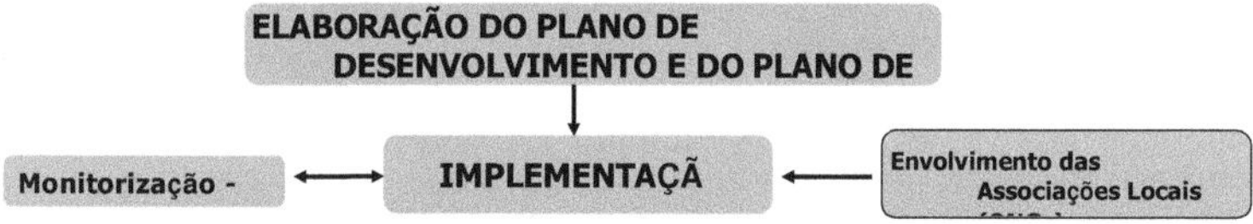

Figura 6: Esquema de gestão silvopastoril concertada

É importante mencionar que o estudo socioeconómico constitui o pilar desta reflexão e será realizado com base em entrevistas estruturadas e semi-estruturadas com os vários intervenientes por unidade sócio-territorial (terroir), de acordo com uma abordagem de troca de informações e de consulta com a população e todos os intervenientes locais interessados, através da realização de workshops participativos por terroir e por cadeia de mercadorias.

As análises socioeconómicas devem quantificar os problemas colocados e ser capazes de propor soluções adequadas no âmbito do plano de gestão silvopastoril para cada maciço florestal e/ou fazer recomendações no caso de ser necessário prever outras medidas de acompanhamento que estejam fora do âmbito da gestão silvopastoril. Também, propor formas práticas de parceria com os atores locais interessados: comunidades rurais, grupos comunitários (cooperativas florestais, associações pastoris... ...)

O estudo socioeconômico deve abordar principalmente os seguintes elementos:

- Delimitação e identificação dos terroirs como um território específico para cada grupo humano;
- Estudo demográfico e de estilo de vida e organização dos grupos de utilizadores humanos;

🕓 Estudo da ocupação da terra e dos sistemas de produção agrícola da propriedade da terra, modos de produção agrícola, rotação de culturas, técnicas de cultivo e rendimento por tipo de especulação, (ii) Apreciação do sistema de exploração dos recursos pela população local.
🕓 **Avaliação da actividade pecuária e de pastoreio:** (i) O número de pastoreio na floresta, movimentos sazonais (transumância, nomadismo...), (ii) Balanço e calendário das forragens: tempo passado na floresta, carga real e de equilíbrio e grau de sobrepastoreio, fontes de suplementação do gado e avaliação da sua respectiva importância e origem, (iii) Direitos de uso e possibilidades de organização dos utilizadores em associações pastoris.
🕓 **Análise da colheita da população (lenha e madeira de serviço) e produtos não madeireiros**
🕓 **Análise da contribuição da floresta:** (i) Estimativa da participação dafloresta e de outros setores na formação da renda das populações usuárias, (ii) Importância da renda florestal anual por tipo de produto
🕓 **Análise sectorial:** Se os produtos florestais não madeireiros são departicular importância na área de estudo, o estudo sócio-econômico também se concentrará na análise dos setores definidos abaixo: (i) Setor de produtos florestais madeireiros, (ii) Setor de produtos florestais não madeireiros (plantas aromáticas e medicinais: alecrim, esparto, salva e outras), (iii) Apicultura, (iii) Setor silvo-pastoril, (iv) Setor de ecoturismo... .

A análise das cadeias de mercadorias permitiria: (i) a identificação das categorias de atores envolvidos em cada cadeia de mercadorias e suas estratégias, (ii) a apreciação do modo de produção dos produtos e dos fluxos dos produtos, (iii) o conhecimento dos mercados e dos modos de consumo, e (iv) a análise econômica e financeira de cada cadeia de produção.

🕓 **Elaboração de planos de desenvolvimento na área periflorestal:** Análises sócio-econômicas realizadas de acordo com uma abordagem participativa a fim de chegar a um plano de desenvolvimento concertado que leve em conta os imperativos do desenvolvimento sócio-econômico na área periflorestal. O objetivo é elaborar um plano de desenvolvimento para cada floresta e para cada área de usuário.

6.3- Requisitos técnicos para o manejo silvopastoral

Para as florestas do Magrebe, o manejo silvopastoril é definido como um diagnóstico do ambiente natural e social, do potencial pastoral e silvicultural, e leva ao desenvolvimento de um programa de ação apropriado para reabilitar e melhorar os pastos em harmonia com a regeneração e conservação das formações florestais. E também, o estabelecimento das bases de um sistema de acordos sociais para a supervisão e organização dos criadores para um uso comum do espaço pastoral. Assim, o processo de manejo silvopastoril é um processo de aprendizagem a longo prazo, cujo sucesso depende da adesão dos pastores ao princípio organizacional e da mobilização de todos os atores envolvidos no desenvolvimento das florestas e do gado. A implementação deste plano de manejo no campo consiste em delimitar e marcar duas zonas de tamanho desigual em cada parque utilizado pelo mesmo grupo étnico. O menor (no máximo 20% da área florestal) e chamado **"bairro de regeneração"** é regenerado por um período, durante o qual permanece fechado ao pasto direto pelo gado, mas o corte de grama pode ser permitido. O resto da floresta, embora continue a receber os tratamentos silvícolas previstos no plano de manejo florestal (desbaste, deprimente, etc.), está aberto ao pastoreio, respeitando ao máximo os princípios habituais de registro e pagamento de royalties...

6.3.1- A área de regeneração (área reservada ao rejuvenescimento florestal)

Nenhuma gestão sustentável de uma floresta pode ser garantida se, durante um determinado período de tempo, uma parte deste ecossistema, a "área de regeneração", não for posta de lado e regenerada. Esta medida, que condiciona o próprio futuro deste recurso, é essencial para todos. No entanto, esta medida é frequentemente contestada pelos legítimos proprietários que a reprovam por (i) distrair uma área significativa dos seus parques da área de pastagem e (ii) colocar este espaço pastoral em defenso por um período demasiado longo. No entanto, esta regra não tem nada de rígido ou rigoroso e esta área pode ser reduzida se os povoamentos se regenerarem bem e rapidamente ou se os recursos pastorais fora da floresta forem significativos.Neste nível, a consulta com os usuários ou seus representantes se concentrará no tamanho mínimo e na distribuição espacial das parcelas a serem regeneradas, cuja escolha deve ser feita de forma consensual, assim como no tamanho da área de regeneração; o desafio aqui é salvar a floresta sem negligenciar os interesses dos usuários.A duração da retirada, da área de regeneração, depende essencialmente da espécie florestal e da facilidade com que ela dá frutos e se regenera. De 15 a 20 anos para as árvores coníferas (Cedrus atlantica), a duração teórica da área fechada é de cerca de 10 anos para as árvores caducifólias e coníferas que se regeneram por brotação de cepos (Quercus suber, Q. rotundifolia, Tetraclinis articulata...). A abertura das áreas de pousio pode, naturalmente, ocorrer mais cedo, se a regeneração for adquirida antes dos prazos estabelecidos pelo planejador.

6.3.2- Intervenções pastorais fora da área de regeneração

Além da área de regeneração, que permanece um santuário fechado ao pastoreio durante todo o período planejado pelo planejador para rejuvenescer, todo o resto da floresta (pelo menos 80% da área do parque) está aberto ao gado, e está sujeito a intervenções que visam melhorar a produção do coberto herbáceo e a das árvores e arbustos da floresta.As principais técnicas utilizadas nos países do Magrebe para melhorar a quantidade e a qualidade da produção pastoril consistem em semear espécies produtivas, criar prados permanentes, plantar arbustos forrageiros, controlar o matorral, estabelecer defesas rotativas e tratar as talhadias como florestas pastoris.
Sem entrar em todas as ações que estão começando a fazer sua tímida entrada na gestão silvopastoral, vamos parar de apresentar algumas dessas técnicas que têm provado seu valor no campo.

a) Tratamento na floresta pastoral (desbaste)

Ao nível de cada parque, as acções silvícolas são planeadas e executadas de acordo com o plano de gestão. Os seus objectivos são: (i) a produção de madeira necessária para a economia local, em particular lenha e madeira de serviço, (ii) a melhoria do crescimento dos caules conservados, a fim de aproveitar ao máximo posteriormente, e (iii) a abertura dos povoamentos, a elevação da cobertura e a iluminação do terreno, se necessário para o desenvolvimento da cobertura herbácea e o aumento da produção de forragens. As experiências realizadas na floresta de azinheira do Atlas Médio permitiram adoptar um itinerário técnico de talhadia, definido da seguinte forma

□ 20 anos após a regeneração e corte recortado, despressurização com remoção de

1/3 do material entre os filamentos em mau crescimento ;

□ O controle da cobertura continuará a cada 10 a 15 anos de acordo com o estado de desenvolvimento da azinheira de modo a manter uma cobertura média de 45 a 60%;

□ O set-aside a ser aplicado após cada tratamento silvicultural durará cerca de dois anos. Isto é para permitir, por um lado, que o tapete herbáceo se desenvolva e, por outro lado, que os rebentos não sofram um desenvolvimento significativo.

A tendência actual é desbastar os povoamentos e retirar a talhadia para incentivar as árvores mais vigorosas com coroas bem desenvolvidas capazes de dar frutos abundantes (sobreiro e azinho em particular), melhorar a ração alimentar do gado e produzir mais tarde madeira e cortiça de qualidade.

b) Rangelands replantio

A maioria dos ambientes florestais está localizada em encostas com solos esqueléticos que não são muito adequados para este tipo de intervenção, o que normalmente requer uma preparação mecanizada do solo. Os ensaios realizados nos países do Magrebe (as florestas Bouhsoussen e Tanghaya em Marrocos, a floresta de pinheiros Aurès no leste da Argélia e Menzel Hbib no sul da Tunísia, etc.) parecem ser muito mais questionáveis em geral e só produzem efeitos positivos comprovados em situações experimentais que não podem ser reproduzidas no campo.

c) Defensividade

Esta técnica muito barata continua a ser uma das ferramentas mais eficazes para a regeneração e reabilitação de terras de lama. Existem várias formas de reservar o terreno para pastagem que têm diferentes efeitos na vegetação. Por exemplo, o adiamento do pastoreio para além do período crítico de crescimento aumenta o vigor e a cobertura das espécies mais apetitosas para o gado. O período de descanso anual permite a reposição das reservas vegetais e a produção de sementes. A duração do pousio varia de algumas semanas, quando faz parte de um esquema pré-estabelecido que permite que "plantas-chave da pastorícia" não sejam apascentadas em períodos críticos, e não deve em caso algum exceder dois anos para evitar qualquer tensão social com os pecuaristas. No Magrebe, enquanto se aguarda o estabelecimento efetivo de uma disciplina pastoral, a vedação é geralmente usada como um meio de delimitar as áreas.

O tempo que os rangelands são postos de lado depende do grau de degradação dos rangelands e da situação pluviométrica. Em princípio, eles só são iniciados em um bom ano e devem ser acompanhados por uma gestão controlada da serra.

d) Plantio de arbustos forrageiros

A variedade de espécies arbustivas utilizadas nos países do Magreb está limitada a algumas espécies do gênero Cactus, Acacia, Atriplex, Chamaecytisus, etc. O objectivo destas plantações é aumentar a produção forrageira a curto e médio prazo, a fim de aliviar a pressão sobre as serras, fornecendo uma alimentação animal menos dependente das flutuações das chuvas, o que é essencial em períodos magros ou secos. Estas plantações devem ser integradas no modelo de rotação de rebanhos e não mantidas como reservas permanentes.

e) A rotação

É uma técnica que permite um melhor desenvolvimento da área rural e é susceptível de melhorar o sistema de gestão da área pastoral, o que geralmente requer muito

pouco investimento financeiro. A rotação está gradualmente fazendo sua entrada na gestão silvopastoril, e a ambição do técnico é fazer todo o possível para que esta tecnologia ganhe terreno, implementando um esquema simples de movimentação nas diversas serras que leve em conta o nível de produção de forragem.
O descanso ainda está longe de ser bem compreendido por todos e o encerramento cíclico de certas áreas num sistema de criação cada vez mais organizado só é aceite na maioria das vezes com relutância.
Os esforços devem continuar a aperfeiçoar a tecnologia, tendo em conta o clima, a estação do ano, a flora e a composição do rebanho. Os técnicos tendem a limitar a abordagem, pelo menos nos primeiros anos, às rotações mecânicas e a introduzi-la no sistema de criação tradicional apenas gradualmente, para que os proprietários legítimos se familiarizem com ela e a adoptem.
Este objectivo será ainda mais facilmente atingido se o serviço de extensão conseguir fazer compreender aos pastores as vantagens da rotação na racionalização do uso do espaço pastoral, a fim de prolongar o período de pastoreio na floresta e melhorar a sua contribuição para o equilíbrio das forragens.

f) Controle da carga pastoral

O conceito rígido da carga, que impunha uma redução do número de animais, foi rejeitado pelos agricultores. A rotação controlada dos rebanhos, que se baseia tanto no factor tempo como no estado das pastagens e do equilíbrio forrageiro, é introduzida no sistema de criação de forma progressiva e as estadias dos rebanhos na mesma parcela de terreno são fixadas tanto de acordo com o número de animais presentes como com a estação do ano. Isto é compensado pela admissão de todos os rebanhos por um período definido e controlado, mas necessariamente curto (algumas semanas). O artifício adoptado de forma consensual, após acordo da maioria dos criadores, permite ultrapassar as divergências que durante décadas se opuseram aos gestores e criadores. Hoje, nas poucas áreas de melhoramento pastoral existentes, o descanso é aplicado pelas próprias cooperativas, mas de forma mecânica. Quando a tecnologia é suficientemente dominada, outras melhorias serão introduzidas na forma como os rebanhos são geridos, e na forma como o gado e os pastos são tornados mais eficientes... até se chegar a um consenso sobre o controlo da carga.

6.4- Perspectivas para o manejo silvopastoral

A abordagem global da gestão silvopastoril está em constante evolução para melhor responder aos problemas dos ecossistemas florestais:

- para melhor compreender e avaliar o estado dos recursos florestais em um contexto de mudanças globais;
- para agir com a intensidade e o ritmo certos;
- dar prioridade à parceria e contratualização com os actores envolvidos para a implementação das disposições dos planos de desenvolvimento;
- integrar ações no tempo e no espaço (reflorestamento, equipamentos, organização, medidas de eco-desenvolvimento...).
- A gestão do espaço com uma lógica de actor hegemónica e em a adversidade não tem futuro;
- O desafio é tornar consistente o desenvolvimento sustentável dos recursos e o desenvolvimento humano.

Está a tornar-se imperativo avançar para abordagens de gestão baseadas em ecossistemas que lidam com ecossistemas florestais na sua totalidade. Uma

avaliação dos processos de manejo silvopastoril é necessária para melhorar a eficácia da ferramenta de manejo, tanto em seu desenvolvimento quanto em sua implementação, através do estabelecimento de um sistema de monitoramento computadorizado para prescrição de planos de manejo florestal.
A fim de adaptar e consolidar a abordagem de planejamento
As seguintes dimensões são recomendadas para actividades silvopastorais concertadas:

- Concepção e desenvolvimento de um sistema de informação para o monitoramento dos desenvolvimentos silvopastorais ;
- Desenvolvimento de ferramentas para a integração de bens e serviços e NTFPs no estabelecimento destes planos de gestão;
- Elaboração de mecanismos para levar em conta elementos de biodiversidade nos itinerários silvopastoris propostos;
- Desenvolvimento de modelos para integrar os aspectos soc de planejamento;
- Concepção de um sistema de monitorização da de desenvolvimento (fenómenos cíclicos: seca, ataques parasitas, declínio);
- Melhoria do conhecimento sobre a adequação dos itinerários silvopastoris num contexto caracterizado por mudanças globais (climáticas e socioeconómicas);
- Melhorar o conhecimento dos tratamentos adaptativos ea escolha dos processos técnicos para otimizar os tratamentos silviculturais e a melhoria dos recursos pastoris;
- Criação de organizações comunitárias para uma melhor governança dos recursos silvopastoris e implementação de disposições de gestão silvopastoris.

CAPÍTULO VII: MÉTODOS PRÁTICOS PARA O DESENVOLVIMENTO PASTORAL DAS FORRAGEIRAS

7.1- Estudo de caso do arbusto forrageiro "Atriplex nummularia

7.1.1- Apresentação do arbusto Atriplex nummularia

Atriplex nummularia pertence à família Chenopodiaceae, que tem cerca de 200 espécies. Está associado a solos salinos ou alcalinos e ambientes áridos, desérticos ou semi-desérticos. As espécies pertencentes a esta família são halófitas. As espécies do gênero Atriplex caracterizam-se por um alto grau de tolerância à aridez e salinidade e por fornecerem forragens ricas em proteínas e caroteno.As espécies da família das Chenopodiaceae são caracterizadas por raízes profundas e penetrantes, concebidas para absorver o máximo de água possível e alternar, pequenas, farinhentas ou peludas, lobadas, por vezes com folhas espinhosas, moldadas para reduzir a perda de água por transpiração. A massa foliar deste arbusto forrageiro tem um teor médio de humidade de cerca de 65% (71% no Verão; 58% na Primavera). A sua produção forrageira é em média de 1.000 unidades forrageiras (UF), sabendo que uma (1) UF equivale a 2,5 Kg de matéria verde. Tal como os arbustos forrageiros, o Atriplex permite a criação de uma reserva forrageira a pé mobilizável ao longo de todo o ano. O período de utilização dos perímetros de melhoramento silvopastoril baseado no Atriplex nummularia, estende-se desde o Outono até ao início do Inverno (Setembro a Dezembro), o que corresponde ao período de soudure, ou seja, o período em que a produção pastoral baseada em plantas herbáceas é quase nula.

7.1.2- Realização de trabalhos de melhoramento silvopastoral

Este trabalho consiste na plantação de arbustos forrageiros à base de Atriplex nummularia com densidades variáveis que variam de 500 a 1000 plantas por hectare, dependendo do caso. A preparação do solo consiste em uma subsolagem preliminar e a confecção de sulcos ao longo das linhas de contorno, a uma profundidade de 40 a 50 cm, de modo a quebrar a crosta calcária quando esta está presente. Dependendo da natureza do solo, estes sulcos são espaçados de 5 a 10 metros entre si. Implúvios nas linhas de sulco são feitos a cada 2 a 4 metros, com dimensões que variam de 0,6 a 1 metro de diâmetro, de modo a ter uma densidade de 1.000 plantas por hectare. Além disso, uma outra técnica de preparação do solo foi testada e amplamente utilizada na região oriental de Marrocos, nomeadamente o sistema Vallérani. Esta técnica é baseada na utilização de charruas específicas e permite que o solo seja rachado por fortes choques que provocam a ruptura do solo, facilitando assim a recolha e absorção de água e multiplicando por 2 a 4 a quantidade de água disponível para as plantas e facilitando a penetração das raízes. Neste caso, os implúvios são materializados nos sulcos no meio das bacias feitas com uma densidade de 500 a 1.000 plantas por hectare.

Figura 7: Técnica de preparação do solo de Vallerani

As mudas Atriplex nummularia, cultivadas no local ou nas proximidades dos perímetros, são então levadas para o perímetro e plantadas sob a supervisão do pessoal técnico responsável pelo acompanhamento das operações de plantio. Duas doses de irrigação são então administradas às plantas, variando de 10 a 20 litros, uma no momento do plantio e outra em data posterior, dependendo da evolução do clima.

Se necessário, a replantação será realizada com a obrigação de guardar o perímetro durante o período de reserva por um período de dois anos após a plantação.

Plantações de Atriplex nummularia na região oriental

7.1.3- Itinerário técnico para o uso pastoral do Atriplex nummularia :

Com base no facto desta espécie de Atriplex nummularia poder viver por um máximo de 12 a 15 anos, o método preferido de exploração é o pastoreio directo à custa do corte, uma vez que esta é uma operação fácil, embora seja difícil de controlar.
O itinerário técnico de exploração silvopastoril é descrito a seguir:

- **A idade para o início da operação é** fixada em 3 anos;
- **O período de admissão dos** rebanhos nos perímetros dura quatro meses (de setembro a dezembro), mas pode variar de acordo com as condições climáticas do ano;
- **A carga a admitir**: De acordo com sua produção (a ser recalculada)
- **Frequência de operação:** Anual (12 operações a partir do ano de referência);
- **Cortes de rejuvenescimento**: 2 cortes (7 e 12 anos de idade) com períodos consecutivos de descanso de um ano. Estes cortes devem ser feitos a 40 cm do solo, logo após o fim da exploração.
- **Um corte final está** programado para dezesseis (16) anos, após os quais o perímetro deve ser substituído.

A tabela abaixo resume as várias disposições técnicas a serem adotadas:

Tabela 3: Esquema de frequências das explorações agrícolas

Anos	Operações	Anos	Operações
Ano 1	Ano de plantio	**Ano 9**	6ª operação
Ano 2	Sem exploração	**Ano 10**	7ª operação
Ano 3	1ª operação	**Ano 11**	8ª operação
Ano 4	2ª operação	**Ano 12**	9ª operação e 2º RC
Ano 5	3ª exploração	**Ano 13**	Nenhuma operação e 2º MR
Ano 6	4ª operação	**Ano 14**	10ª operação
Ano 7	5ª operação e 1º RC	**Ano 15**	11ª operação
Ano 8	Sem exploração, e 1º MR	**Ano 16**	12ª operação monitorada CF

NB: RC: Regeneration Cup; RR: Resting Cup; FSC: Final Cup

Em relação ao período de admissão dos rebanhos no perímetro. Deve-se notar que os arbustos forrageiros oferecem recursos pastoris em períodos de déficit forrageiro, ou seja, uma reserva forrageira a ser explorada em épocas difíceis do ano, quando os campos naturais estão completamente esgotados.
O período de utilização de arbustos forrageiros deve ser a partir do final do Verão. no início das chuvas de inverno, para que a vegetação possa voltar a crescer.
Para este fim, o período de admissão retido seria de quatro meses, desde o início de Setembro até ao final de Dezembro.

7.1.4- Esquema de gestão dos perímetros de melhoria silvopastoris com base no Atriplex

Com base no acima exposto, o esquema silvopastoral a ser mantido é apresentado na tabela abaixo, que é um modelo para o caso das plantações de Atriplex em zonas áridas e semi-áridas.

Quadro 4: Esquema de gestão das áreas de melhoramento silvopastoril

Natureza das operações	Descrição das operações
Idade no início e no fim de a operação	✓ A idade de início pode ser interrompida aos três anos, e continuar até aos 16 anos de idade.
Freqüências de operação	✓ Uma primeira exploração por pastagem directa aos três anos de idade, repetindo-a todos os anos até atingir a idade da exploração física. ✓ Dois cortes de regeneração devem ser considerados aos 7 e 12 anos, seguidos por descansar durante um ano para permitir uma boa recuperação dos arbustos; ✓ Um corte final a ser feito possivelmente aos 16 anos de idade, e que será seguido por um replantio do perímetro.
Modos de operação	✓ Há dois métodos possíveis de exploração, nomeadamente o pastoreio directo e o corte de relva. Mas parece que o pastoreio directo é a solução mais popular para os utilizadores. É uma operação fácil, mas requer um monitoramento contínuo dos animais na área de produção para incentivá-los a serem mais móveis e evitar o sobrepastoreio.
rebanhos no perímetro	✓ O período ideal para a admissão de rebanhos é de 4 meses desde o início de setembro até o final de dezembro. ✓ Module a duração e o período de admissão de acordo com os dados climáticos do ano: encurte-o num ano difícil para 2 meses ou reduza o número de pessoas a admitir e possivelmente prolongue-o em anos de bom clima.
Taxas a serem permitidas nos perímetros	✓ A taxa de remoção de fitomassa das folhas de arbustos forrageiros a reter é de 75% dos recursos disponíveis; ✓ Avalie o perímetro de produção e defina a carga a ser admitida. Este ajuste deve ser feito antes da abertura anual do perímetro de pastagem, particularmente para ovelhas que requerem uma ração de manutenção no Outono de cerca de 0,8 unidades forrageiras (UF) por cabeça de ovelha. Dependendo da duração do período de pastoreio, o número de animais a admitir pode ser fixado, de acordo com a produção anual de forragem dos arbustos.

7.2- Estudo de caso do arbusto forrageiro "Chamaecytisus albidus

7.2.1- Informações gerais sobre a espécie Chamaecytisus albidus.

Da família das leguminosas (Papilionaceae), este arbusto arbustivo pode atingir 1,5 a 2 m de altura. Os ramos cinzentos cinzentos cinzentos alternados não são espinhosos, mas podem tornar-se assim quando o arbusto é sobrepastoreado. As folhas são trifoliadas com um talo muito curto, e as flores são agrupadas em cachos axilares curtos com um pescoço esbranquiçado; o cálice é curto. Os frutos são achatados, com vagens ligeiramente arqueadas e cobertos de pêlos cinzentos. O Chamaecytisus albidus, uma espécie endémica do sudoeste de Marrocos, cresce em bioclimas áridos e semi-áridos com variantes quentes e temperadas, em solos calcários ou siliciosos bem drenados. Esta espécie está frequentemente associada a formações de argan e thuja. A pesquisa de Peltier (1982) permitiu definir os diferentes agrupamentos vegetais do argan grove de Souss, onde o Chamaecytisus albidus é característico de alguns deles.

7.2.2- Realização de trabalhos de melhoramento silvopastoral

Este arbusto tem sido objecto de plantações silvopastoris em grande escala na região do Sahel em Doukkala e no norte da Abda, na zona costeira entre a cidade de El Jadida e a cidade de Safi. Esta zona faz parte de um complexo geomorfológico conhecido como Meseta Costeira Marroquina, cujo relevo é formado por uma sucessão de dunas calcárias dispostas paralelamente à costa, individualizando assim uma faixa costeira exterior em relação às planícies, com 8 a 25 km de largura e 60 km de comprimento. As manadas mais importantes eram as de Ahmer. A permanência dos trans-humanos nos pastos estendeu-se desde a época das lavouras até à época das colheitas. Estas pastagens eram de grande importância para toda a região, pois eram a única área em Abda e Doukkala onde os rebanhos podiam pastar durante o período de vegetação no Inverno e especialmente na Primavera. No entanto, o fenómeno da transumância é mais acentuado nos anos de seca. Desde os anos 50, o serviço florestal testou vários esquemas para restaurar os recursos silvopastoris nesta área. Os resultados obtidos concluíram que era necessário combinar o plantio de árvores (quebra-ventos) e de espécies forrageiras. O sistema desenvolvido consiste em :

- ✓ a instalação de quebra-ventos à base de Eucalyptus gomphocephala perpendicular ao vento dominante, numa largura de 50m.
- ✓ plantação de arbustos forrageiros Chamaecytisus albidus com uma largura de 250 m entre as faixas de quebra-ventos.

Os corta-ventos à base de eucaliptos amortecem a velocidade do vento, reduzem o seu efeito de secagem e proporcionam abrigo à vegetação arbustiva e herbácea. Os arbustos, para além da sua finalidade forrageira, proporcionam uma boa protecção do solo e criam um microclima favorável ao desenvolvimento das gramíneas.

7.2.3- Elementos de avaliação quantitativa e qualitativa dos recursos pastoral do Chamaecytisus albidus

A densidade de Chamaecytisus albidus nas serras melhoradas durante mais de dez anos está estimada em 5.400 arbustos por hectare. Este valor, comparado com a densidade inicial de plantio de 1.200 a 1.600 plantas por hectare, mostra a importância da dinâmica de regeneração deste arbusto na região do Sahel de Doukkala e Abda do Norte. Os resultados obtidos na avaliação da fitomassa foliar são de 341g de matéria verde (GM) e 136g de matéria seca (DM) por arbusto de Chamaecytisus albidus. Assim a produção oferecida por este arbusto pode atingir até 735Kg de matéria seca por hectare. Além disso, a produção de fitomassa do estrato herbáceo associado ao Chamaecytisus albidus é de 965 kg de matéria seca por hectare nas parcelas melhoradas. Estes resultados mostram que a plantação de Chamaecytisus albidus melhorou consideravelmente a produção de terra firme, que não excede 600 kg de matéria seca por hectare nas parcelas não tratadas. A composição química da fitomassa foliar do Chamaecytisus albidus, é rica em matéria azotada total com uma média de 18,6% de matéria seca. Este valor corresponde ao dobro do teor de matéria azotada total das plantas herbáceas e é comparável ao da alfafa. O teor de minerais é em média de 6,5% de matéria seca, que é 3% inferior ao da alfafa. O teor de celulose bruta é 11,8% de matéria seca, que é três vezes inferior ao das gramíneas e duas vezes inferior ao da alfafa. A massa foliar deste arbusto teria uma melhor digestibilidade, pois é rico em azoto e o seu teor de celulose não excede os 12% de matéria seca. Estes resultados mostram que este arbusto tem uma composição química semelhante à da alfafa, uma espécie forrageira muito valorizada pelo gado. Estes resultados mostram também que o fitotrão foliar do arbusto Chamaecytisus albidus tem um melhor valor forrageiro, ou seja 0,77UF/Kg de matéria seca, e as melhorias baseadas neste arbusto permitiram aumentar consideravelmente a produção forrageira. Este último, avaliado em 900UF/ha nas parcelas melhoradas, é de apenas 200UF/ha nas serras naturais.

7.2.4- Desenvolvimento pastoral das plantações de Chamaecytisus albidus

O trabalho de desenvolvimento silvopastoril cobriu cerca de 20.000 ha e é realizado sob contrato entre o serviço florestal e as comunidades étnicas que têm o direito de uso sobre a terra. No final do contrato, o Estado cobre os custos de instalação e desenvolvimento das áreas de melhoramento silvopastoril, e a comunidade proprietária compromete-se a monitorar e vigiar a propriedade, a manter as plantações e as melhorias feitas, e a cumprir os períodos de uso das terras de pastagem.Os custos incorridos pelo Estado nestas propriedades comunitárias são progressivamente reembolsados através de deduções das receitas da venda de madeira de cinturão de abrigo e das taxas de exploração. As pastagens geridas estão abertas ao pastoreio após seis anos de defesa e são utilizadas durante três a quatro meses, dependendo do nível de precipitação, no Outono e no Inverno (de Setembro a Dezembro). Este período corresponde ao intervalo da fome, uma vez que as forragens disponíveis nas serras naturais e as terras cultivadas (restolho, estofador, etc.) estão completamente esgotadas. A utilização das serras melhoradas é feita de comum acordo entre os serviços de maneio e os criadores e o rebanho beneficiário, totalizando mais de 30.000 ovelhas e 7.000 bovinos, em troca do pagamento de uma taxa para as serras, que faz parte de uma disciplina pastoral.

7.3- Recomendações

A fim de otimizar a exploração destas plantações e garantir sua sustentabilidade, existem

As seguintes diretrizes devem ser mantidas:

🕓 Respeite as plantações: não as colha antes de estarem prontas;

🕓 Respeitar as prescrições técnicas, conforme previsto nos planos de manejo das plantações silvopastoris baseadas no Atriplex: os períodos de abertura e fechamento e sua duração, as cargas a serem permitidas, as taxas de remoção de fitomassa e a freqüência de exploração;

🕓 Assegurar a mobilidade dos rebanhos nos perímetros para evitar o sobrepastoreio das plantas;

🕓 Efectuar cortes de regeneração conforme previsto no

gestão e respeitar os períodos de descanso que se seguem;

🕓 Manter as jovens plantações de Atriplex: cuidar do replantio e substituição das plantas em falta;

🕓 Acompanhar, supervisionar e assegurar o reforço das competências das organizações comunitárias responsáveis pela gestão destes perímetros em parceria com os serviços técnicos competentes;

🕓 Assegurar o monitoramento e a avaliaçãooperações técnicas e dos compromissos assumidos pelas organizações comunitárias pecuaristas.

CAPÍTULO VIII: A ESTRATÉGIA SILVOPASTORAL E A RENOVAÇÃO DAS PRÁTICAS PASTORAIS NA FLORESTA

8.1- Contexto global

Marrocos tem um património vegetal e animal muito rico graças à grande diversidade que caracteriza os ecossistemas pastoris e silvopastoris. Além do seu potencial em termos de gado, as chamadas áreas pastoris e silvopastoris são ricas em recursos que podem ser utilizados para diversificar a renda das pessoas. Marrocos também é caracterizado pela existência de instituições tradicionais (Jamaâ soulaliya) e pelo sistema Nouab, que ainda são mais ou menos funcionais. As cooperativas pastoris constituem também uma conquista definitiva em termos de gestão participativa da área, particularmente em termos de áreas de descanso.

O sector silvopastoral beneficia da existência de um arsenal legal e regulamentar em constante evolução, de uma experiência apreciável na condução de projectos de desenvolvimento no sector florestal e de um grande trunfo em termos de realizações através de políticas e programas destinados à melhoria pastoral no âmbito de projectos de desenvolvimento integrado

No passado recente, a actividade pastoril adaptou-se às variações e irregularidades climáticas através de práticas de gestão da terra e dos recursos, através do uso alternado e específico das pastagens de Verão e de Inverno através de movimentos de rebanhos regulados e da remoção de ramos dos povoamentos florestais no Outono e no Inverno durante o período nevado a grande altitude.

Nas últimas décadas, o contexto e os sistemas da atividade pastoral, uma vez praticados em harmonia com o potencial natural, sofreram profundas perturbações. De facto, a actividade pastoral tornou-se muito dependente dos recursos silvopastoris livres, independentemente das condições climáticas e praticamente ao longo de todo o ano. Até o início do século XX, a sociedade marroquina estava organizada em grupos étnicos (tribos, fracções, etc.), cada um dos quais tinha um território de influência que tinha de defender e explorar colectivamente. Durante este período, quando predominava a ordem tribal, a floresta, assim como as terras de pastagem e de cultivo, constituía propriedade comunitária para a comunidade e a propriedade privada individual era quase inexistente. Desde a promulgação da lei florestal no início do século passado (1917), as áreas arborizadas foram classificadas como terras florestais pertencentes à comunidade nacional e cuja gestão é confiada à administração florestal.Tendo em vista as práticas costumeiras das populações locais na floresta, o legislador introduziu a noção de direito de uso para respeitar essas práticas. De acordo com esta lei, os direitos de uso são reconhecidos para as populações pertencentes às tribos e fracções reconhecidas como utentes no momento da demarcação da floresta e que estes direitos são intransmissíveis e inextensíveis a outros.Os direitos de uso referem-se principalmente a caminhar na floresta, recolher lenha (madeira morta) e madeira de construção para uso doméstico, e recolher plantas aromáticas e medicinais, dentro dos limites da capacidade produtiva da floresta. Estes usos são mais extensivos no caso do pomar de argão e incluem a recolha de frutos secos para a extracção de óleo de argão e o cultivo do solo. Além disso, as noções de utilizadores, direitos de utilização e o exercício destes direitos de utilização parecem muitas vezes mal compreendidos tanto pelos titulares dos direitos como pelas instituições públicas responsáveis pela regulamentação destes direitos. Além disso, a confusão que os usuários e certos parceiros têm entre o direito de uso e o direito de propriedade torna a resolução dos problemas relacionados ao exercício do direito de uso muito mais complexa. Os termos de negociação a serem engajados com os vários atores devem se concentrar nas oportunidades oferecidas por um uso coletivo e responsável dos recursos florestais em benefício da comunidade nacional, em oposição a uma apropriação das áreas florestais que só pode servir aos interesses de uma minoria de beneficiários.

8.2- Lembrete sobre a política nacional silvopastoral

A política e as estratégias nacionais para a gestão das áreas silvopastoris passaram por quatro fases:

- O período anterior a 1914, quando as áreas silvopastoris faziam parte da a propriedade colectiva das tribos de utilizadores (Agdal, terroir, Jemaa, etc.).
- O período de 1914 a 1975, quando a gestão florestal marroquina era estatal, foi confiada à administração florestal, que tinha acabado de ser criada com um conjunto de textos legislativos e regulamentares que constituem o regime florestal, base da intervenção da administração florestal.
- O período de 1975 a 1990 com a expansão gradual do manejo florestal para incluir outras instituições estatais, a integração das autoridades locais e o início do envolvimento de associações profissionais, cooperativas e da população usuária dos recursos florestais (grupos silvopastoris).

Durante esse período, a política florestal nacional estabeleceu como objetivo final a conservação e o desenvolvimento sustentável dos ecossistemas florestais através de um processo participativo de análise, reflexão e debate sobre o planejamento da gestão e do desenvolvimento sustentável dos recursos florestais. Desde os anos 90, o Programa Florestal Nacional que emergiu deste processo exigiu a consideração integrada dos aspectos ambientais, sócio-demográficos, sócio-econômicos e legislativos e institucionais. Estes aspectos estão integrados numa estratégia global baseada na "gestão do património florestal, desenvolvimento das áreas periflorestais, adopção da abordagem participativa e desenvolvimento de parcerias de acção".

8.3- Processo para o desenvolvimento da estratégia silvopastoril

É preciso lembrar que, apesar da existência do serviço florestal desde o início do século passado (1913), a primeira estratégia silvopastoril em Marrocos só foi desenvolvida em 2016. Uma lacuna de mais de um século, para a assunção de actividades num quadro documentado, argumentou e estruturou em torno de eixos prioritários de intervenção negociados e validados com os vários intervenientes, tendo exigido a utilização de uma abordagem altamente participativa.De facto, os intervenientes, parceiros e vários actores do sector foram envolvidos na reflexão sobre a concepção desta estratégia e a sua implementação, quer através de entrevistas, workshops, reuniões ou comités.

A abordagem de trabalho foi conduzida em várias fases descritas a seguir:

Fase 1 (2º semestre de 2015): Esta fase foi caracterizada por a elaboração de um estudo silvopastoral que permitiu elaborar um diagnóstico preciso, a fim de esclarecer as questões relacionadas através do exame dos resultados - e da actualização - dos vários estudos nacionais, regionais e locais sobre o tema do silvopastoralismo.

Fase 2 (1º trimestre de 2016): A primeira fase desta fase começou com sessões de formação para capacitação em planejamento estratégico em benefício de pessoas capacitadas, tanto a nível central, regional e local, para garantir uma sólida ancoragem dentro do Departamento de Águas e Florestas. A segunda etapa foi a organização de oficinas interativas para pessoas capacitadas, além de parceiros-chave. Este trabalho de grupo, supervisionado por um especialista especializado na formulação de estratégias, permitiu identificar as principais linhas e atividades da estratégia silvopastoral.

Fase 3 (2º trimestre de 2016): Durante esta fase, os resultados dos workshops foram reportados aos gestores estratégicos e resumidos para um entendimento uniforme dos eixos e das orientações da nova estratégia. Uma vez validados, foi recrutado um especialista para a elaboração da estratégia de acordo com uma linguagem simplificada, bem estruturada, dando visibilidade e legibilidade ao seu conteúdo. Esta fase resultou num relatório sobre a popularização da estratégia silvopastoral em questão, que foi objecto de uma apresentação da nova estratégia aos parceiros institucionais, ao sector privado e à sociedade civil.

8.4- Visão e principais linhas de estratégia

A visão desta estratégia é que os recursos silvipastoris sejam restaurados e geridos de forma sustentável e eficaz a longo prazo, através da boa governação de todos os bens, serviços e valores que contêm, em benefício de :

✓ o bem-estar socioeconómico das comunidades pastorais;

✓ conservação da biodiversidade (ecossistemas, habitats, espécies, recursos genéticos, etc.);

✓ combatendo a degradação da terra e mitigando os seus efeitos alterações climáticas".

Além disso, a construção de uma estratégia silvopastoril exigirá uma convergência da visão das várias partes interessadas no que diz respeito à gestão das serras e do gado. Esta visão comum implicaria necessariamente uma adaptação gradual da missão das instituições e parceiros envolvidos, que serão chamados a "estabelecer uma gestão sustentável dos recursos florestais e pastoris".

As apostas da estratégia silvopastoril são elevadas, dada (i) a importância dos recursos do sector a nível social, económico e ambiental, (ii) a extensão do sector a várias áreas e ramos da vida sócio-económica (protecção da terra e dos recursos hídricos, pecuária, indústria, energia doméstica, turismo, etc.), (iii) a contribuição das áreas silvopastoris para a conservação da biodiversidade global e para a mitigação das alterações climáticas, etc.), (iv) o declínio das práticas tradicionais de auto-controle, (v) a necessidade de proteger o ambiente, e (vi) a necessidade de proteger o ambiente, (iii) a contribuição das áreas silvopastoris para a conservação da biodiversidade global e a mitigação das mudanças climáticas, etc.), (iv) o declínio das práticas tradicionais de auto-controle e regulação dos usos (Agdal) como local de descanso, transumância tradicional como sistema de rotação, etc. As principais orientações estratégicas são apresentadas abaixo:

8.4.1- Eixo estratégico 1. Reconstituição de ecossistemas florestais-pastoris

Objetivo do eixo: Restaurar ecossistemas florestais e contribuir para o aumento da oferta de recursos silvo-pastoris (SPR). A melhoria da conservação dos recursos silvo-pastoris é necessária para mitigar e limitar o nível de degradação desses recursos. Esta situação reflecte-se em última análise na desdensificação dos

povoamentos florestais, na perda da biodiversidade pastoral e na desertificação dos ambientes, levando à conversão das formações florestais em matorral. Através deste eixo, espera-se continuar a investir em programas de melhoramento silvopastoril a fim de melhorar a oferta de forragem com vista a restaurar os ecossistemas florestais.
Este eixo inclui **12 actividades** estruturadas em **2 acções**, nomeadamente: (i) melhorar a conservação dos recursos silvo-pastoris (Acção 1.1.) e (ii) aumentar a oferta de recursos silvo-pastoris (Acção 1.2.).

As principais atividades retidas consistem em :

- Fortalecimento dos programas de melhoria silvopastoris prioridade aos arbustos forrageiros e espécies perenes indígenas que podem fornecer reservas de forragem que podem ser mobilizadas em períodos de déficit forrageiro;
- Iniciação e popularização das práticas silvopastoris de corte de povoamentos florestais e o desenvolvimento de planos de manejo e exploração concertada dos recursos silvopastoris;
- A criação de estações regionais de sementes pastoris (armazenamento, colheita, embalagem, distribuição ;
- Sensibilizar a população e os parceiros para garantir o apoio ao sucesso dos programas de melhoria silvo-pastorais.

8.4.2- Eixo estratégico 2. melhorar a organização dos usuários dos recursos silvopastorais

Objetivo do eixo: Incentivar e supervisionar modelos modernos de organização dos usuários (associação, cooperativa) que estejam de acordo com os sistemas tradicionais de organização para uma gestão equilibrada das áreas silvopastoris É, portanto, claro que a chave do sucesso das medidas e práticas para a gestão racional dos ecossistemas silvopastoris reside na organização dos usuários de acordo com modelos modernos (associação, cooperativa), sem o que será possível retornar aos sistemas tradicionais de organização. A concretização deste compromisso só é possível responsabilizando os utilizadores pela co-gestão dos recursos silvopastoris no quadro dos contratos de parceria ganha-ganha-ganha, eixo que inclui **10 actividades** estruturadas em **2 acções**, nomeadamente (i) organizar melhor as pessoas habilitadas (Ação 2.1.) e (ii) levar em conta as pessoas não habilitadas (Ação 2.2.).

As principais atividades consistem em:

- Mapeamento dos direitos dos usuários de áreas silvopastoris,
- Apoiar e acompanhar a criação de organizações locais de usuários em associações ou cooperativas pastoris,
- Reabilitação de boas práticas de gestão de recursos silvopastoris,
- A contratualização de compromissos com organizações pastorais para a exploração de recursos silvopastoris por unidade sócio-territorial que são geralmente estabelecidos numa base étnica.

8.4.3- Eixo estratégico 3. apoio ao desenvolvimento socioeconómico das áreas florestais e periflorestais

Objetivo do eixo: Reduzir a dependência das populações dos recursos silvo-pastoris.
A pecuária silvopastoril proporciona um certo grau de segurança social num ambiente muito precário e continua a ser uma base para a organização económica e social da população. Com efeito, a pecuária nas serras florestais gera uma renda significativa para a população rural e é, portanto, a melhor maneira de desenvolver as áreas pastoris.
O desenvolvimento destes sectores é susceptível de tornar a pecuária rentável, o que melhoraria o fluxo de caixa dos agricultores e, consequentemente, limitaria a pressão e dependência do gado dos recursos silvopastoris.
A fim de apoiar os criadores na melhoria da gestão dos sistemas de criação, é recomendado estabelecer acordos com a Associação Nacional de Criadores de Ovinos e Caprinos (ANOC). Esta é uma organização agrícola profissional que reúne criadores de ovinos e caprinos de todo o país. A sua intervenção baseia-se na criação de projectos de desenvolvimento adequados que tenham em conta a realidade da pecuária em Marrocos, o seu ambiente social e económico.
Este eixo inclui **11 actividades** estruturadas em 3 **acções**, nomeadamente: (i) a construção de parcerias para melhorar a gestão dos sistemas pecuários (Acção 3.1.),
(ii) contribuir para a valorização dos sectores pecuários com grupos de criadores de gado (Acção 3.2.), e (iii) implementar actividades geradoras de rendimento (Acção 3.3.).

As principais atividades consistem em:

- Aumentar o número de acordos com oANOC nos vários ecossistemas florestais.
- Apoiar a ANOC para melhorar a supervisão dos agricultores ;
- Estabelecer novas parcerias, especialmente entre departamentos institucionais relevantes e organizações comunitárias de pastoral;
- Capitalizar experiências na gestão de áreas pastoris e silvopastoris;
- Identificar sectores específicos da pecuária em diferentes ecossistemas.
- Promover o valor dos produtos animais (lã, queijo, etc.) Bode.
- Apoio a grupos de criadores em torno dos sectores.
- Melhoria das infra-estruturas, tais como pontos de água, centros e abrigos ;
- Reforçar as habilidades dos usuários no desenvolvimento sustentável de produtos.

8.4.4- Área estratégica 4: Melhorar a governança dos recursos silvo-pastoris

Objetivo do eixo: Melhorar a coordenação operacional dos atores para que seja mais eficaz e alinhado com as necessidades de gestão sustentável dos recursos silvo-pastoris.
As sinergias e a colaboração entre os diferentes actores só podem ser operacionais e eficazes se os parceiros envolvidos partilharem as mesmas preocupações de

desenvolvimento, convergirem nas suas visões e respeitarem os seus compromissos mútuos.
As práticas pastoris são baseadas na pecuária móvel que alterna e complementa os recursos silvo-pastoris e pastoris na floresta, no coletivo e nas terras cultivadas em grandes áreas.
A gestão da área pastoral, que está sujeita a diferentes estatutos legais, é realizada por diferentes departamentos (Silvicultura, Agricultura, Interior, etc.), cujas estratégias sectoriais muitas vezes não são muito convergentes. Tal situação exige a elaboração e disponibilidade de planos diretores de desenvolvimento pastoral e silvopastoral para todos os componentes da área pastoral e a integração das preocupações dos diferentes atores institucionais.

Este eixo inclui **9 actividades** estruturadas em **2 acções**, nomeadamente: (i) alcançar uma visão comum entre os vários intervenientes (Acção 4.1.), e (ii) generalizar os planos directores de desenvolvimento pastoral e silvopastoral no território nacional (Acção 4.2.).

As principais atividades consistem em:

- Organizar mesas redondas ou workshops com representantes de departamentos envolvidos com o problema silvo-pastoral ;
- Identificar e esclarecer os papéis dos vários intervenientes (mapeamento de intervenientes);
- Capitalizar as experiências anteriores de governança ;
- Elaboração de uma carta/acordo para a gestão sustentável e compartilhada dos recursos silvopastoris;
- Generalizar os planos diretores de desenvolvimento pastoral e silvo-pastoral no território nacional
- Integrar as diretrizes propostas nos planos de ação dos diversos departamentos.
- Monitorar a implementação dos planos desenvolvidos.
- Estabelecer acordos-quadro com os Conselhos Regionais especificando os compromissos e a sua contribuição para a implementação dos planos.

8.4.5- Área estratégica 5: Pesquisa e desenvolvimento holístico e dinâmico

Objetivo do eixo: Melhorar a coleta, análise e difusão do conhecimento necessário para a gestão sustentável dos recursos silvopastoris. O objectivo é desenvolver sistemas de referência adequados com vista a melhorar gradualmente as técnicas de melhoria silvopastoril e antecipar novas tecnologias de gestão silvopastoril baseadas em ecossistemas, num contexto de mudança global.

Este eixo engloba **9 actividades, sendo as principais**

- Desenvolver diretrizes técnicas para o uso e operação de principais espécies silvopastoris.
- Definir indicadores básicos para cada ecossistema silvopastoril (números), recursos, período de utilização, carga animal...).
- Avaliar e monitorar a evolução do estoque de sementes pastoris.
- Analisar o impacto do set-aside na reconstituição de recursos silvopastorais.

- Conceber e implementar bases de dados interactivas entre investigadores e gestores.
- Identificar parcelas permanentes para o monitoramento de ecossistemas silvopastoris.
- Desenvolver modelos de gestão socioeconômica específicos para as áreas silvo-pastoris.
- Capitalizar sobre as experiências nacionais e internacionais.

8.4.6- Área estratégica 6: Reforço das capacidades técnicas e organizacionais

Objetivo do eixo: Desenvolver as capacidades do pessoal florestal para a gestão sustentável dos recursos silvopastoris. A gestão dos territórios silvopastoris requer conhecimentos específicos em termos de comunicação e um novo processo de aprendizagem, particularmente no campo organizacional, bem como formação avançada no desenvolvimento e gestão sustentável dos recursos silvopastoris. Além disso, o modo de governança dos projetos deve favorecer a criação de pólos de assistência para capitalizar as realizações das atividades realizadas e perpetuar as boas práticas entre as comunidades pastorais. A animação destas plataformas organizacionais é susceptível de sensibilizar as partes interessadas para as questões e preocupações silvopastoris sobre a sustentabilidade dos recursos naturais. Daí a necessidade de iniciar medidas concertadas para restaurar os ecossistemas silvopastoris, salvaguardando os interesses das comunidades e envolvendo-as no processo de gestão e desenvolvimento responsável da área silvopastoril, que inclui **9 actividades** estruturadas em 3 **acções**, nomeadamente (i) a adaptação da formação básica e a oferta de programas de formação contínua em benefício das unidades de gestão (Acção 6.1.), (ii) o reforço do Conselho Nacional Florestal e dos conselhos provinciais florestais e a melhoria das suas acções (Acção 6.2.), e (iii) a implantação de pólos de animação em torno de projectos silvopastoris (Acção 6.3.).

As principais atividades consistem em:

- Adaptação de programas de formação básica e educação contínua para o pessoal florestal,
- O fortalecimento das plataformas organizacionais, como os conselhos florestais nacionais e provinciais, a fim de sensibilizar para as questões silvopastoris e seus impactos negativos sobre a sustentabilidade dos recursos naturais.
- Assegurar o acompanhamento e a implementação das recomendações destes plataformas organizacionais.
- Recrutar, formar e implantar equipes de animadores nos diferentes territórios silvopastoris, a fim de assegurar uma melhor implementação, supervisão e monitoramento de proximidade das atividades silvopastoris.

CAPÍTULO IX: TENTANDO DECLINAR A ESTRATÉGIA SILVOPASTORAL AO NÍVEL DA REGIÃO DO ATLAS MÉDIO

9.1- Contexto biofísico da região do Atlas Médio

A área envolvida neste exercício de declinação da estratégia nacional silvopastoral (2016), diz respeito à região administrativa de **Fez-Meknes** que é uma região representativa do contexto silvopastoral do Atlas do Meio. A região de Fez-Meknes, cobre uma área de 40.075 Km² ou 5,7% do território nacional. Segundo o Censo Geral da População e Habitação (RGPH) de 2014, a Região de Fez-Meknes tem 4.236.892 habitantes dos quais 60,52% são urbanos, uma taxa quase equivalente à taxa nacional (60,36%), a densidade é de 105,7 habitantes por km2, muito alta em comparação com a média nacional (47,6hab/km2).
Administrativamente, esta região inclui duas prefeituras (Prefeitura de Fez, Prefeitura de Meknes) e sete províncias (Boulemane, El Hajeb, Ifrane, Moulay Yaâcoub, Sefrou, Taounate e Taza), **194 comunas**, incluindo 33 municipalidades e 161 comunidades rurais. A capital da região é a prefeitura de Fez.

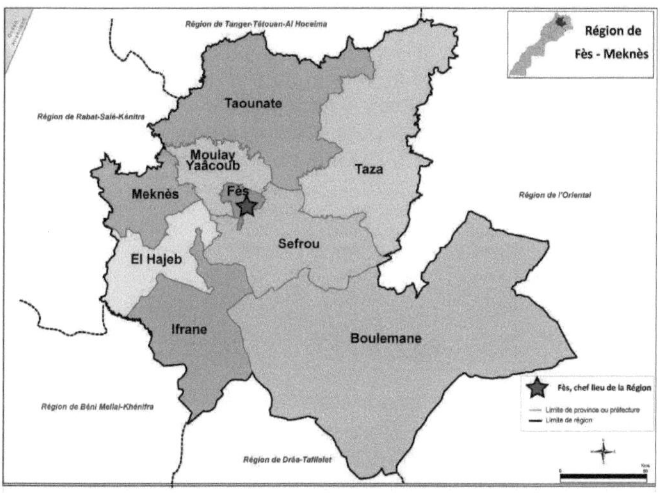

Figura 8: Mapa das províncias e prefeituras da região de Fez-Meknes

O território da região é constituído por áreas naturais díspares, que podem ser agrupadas em cinco unidades geográficas pertencentes aos domínios naturais do Rif, do Pré Rif, do Atlas Médio, da planície de Saiss e de uma pequena parte do Alto Atlas Oriental. As disparidades geográficas dentro da região introduzem distinções importantes em termos de precipitação, das quais se podem distinguir (i) **Terras húmidas**: Estas são aquelas que recebem um volume bastante grande de chuva. Estas são as áreas altas do Médio Atlas e do Pré-Rifo. O Pré-Rif é mais regado com mais de 800 mm/ano, enquanto que o Atlas Médio recebe uma média de 600 mm/ano, (ii) **As áreas de água média**: Recebem uma média de 400 mm/ano de precipitação, são principalmente as áreas agrícolas do planalto de Saiss e as áreas do Dir do Atlas do Meio, e (iii) **as áreas secas**: Estas são as áreas alfa do sudeste da região que recebem uma precipitação anual inferior a 300 mm. Incluem as planícies do Moulouya Médio que é praticamente árido e a escassez de água que experimenta só permite uma vegetação do tipo Estepe, Alfa e Garrigue. O setor agrícola é um dos setores promissores da região. Com efeito, a superfície agrícola útil na região de Fez-Meknes está estimada em 1.340.830 hectares (15% da SAU nacional), com uma área irrigada de cerca de 184.160 ha que representa 13,7% da SAU da referida região. Além disso, a área de pastagens colectivas é estimada em **672.000 ha,** ou seja, **16,8%** da área total da região. Esta região tem um potencial de produção animal baseado em ovinos, caprinos e bovinos e uma longa tradição de criação agropastoril e silvopastoril. Esta actividade é caracterizada pela predominância de ovinos, essencialmente da raça Timahdite, que é reconhecida nacionalmente pela sua produtividade e qualidade. O número total de cabeças de gado ascende a 4.200.000, ou 16,7% do total nacional (25 milhões de cabeças). Este gado é distribuído por espécies da seguinte forma: 3,2 milhões de ovinos, 600 mil caprinos e 400 mil bovinos. Em termos de áreas silvopastoris e de acordo com os dados do inventário florestal nacional (IFN) e estudos de manejo, as florestas da região de Fez-Meknes cobrem uma área de quase **1.319 mil hectares,** ou seja, uma taxa de florestamento de **33% a** nível regional (14,6% do total nacional). Esta área está distribuída da seguinte forma (i) Florestas naturais em 487.000 ha (Cedro: 64.000 ha, Thuja: 47.000 ha, Pines: 72.000 ha, zimbro: 50.000 ha, azinheira: 232.000 ha, sobreiro: 21.437 ha, e outros), (ii) Plantações artificiais em 55.000 ha, e (iii) Manchas de erva esparto pura ou misturada com alecrim em cerca de 613.000 ha Parece que a região de Fez-Meknes, uma região com vocação silvopastoril e que as serras florestais que constituem uma reserva forrageira durante todo o ano, constituem o principal refúgio dos animais durante os períodos de vacas magras e durante os anos de seca que são recorrentes

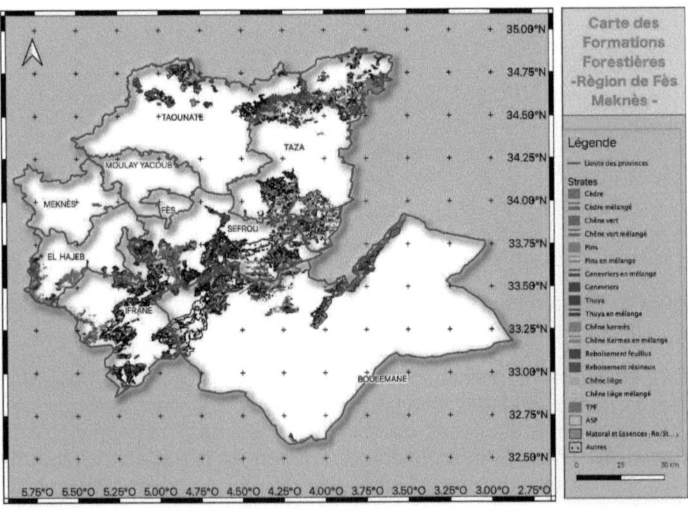

Figura 9: Mapa de formações florestais na região de Fez-Meknes

9.2- Perfil Sylvopastoral da região de Fez-Meknes

9.2.1- Ofensas pastorais

Durante o período 2010-2019, o número de crimes registados de todas as categorias ascende a 22.248, dos quais 5.428 são crimes pastorais, ou seja, 24% do número total de crimes registados (ver quadro abaixo). Quanto à evolução do número total de crimes e delitos pastorais registados, tal como apresentado na figura abaixo, mostra uma clara tendência decrescente durante o período em consideração. Esta tendência pode ser explicada por vários fatores, principalmente o trabalho de consulta e parceria realizado com as populações locais e o desenvolvimento de vários instrumentos, particularmente a compensação por retirada de terras, a criação de cooperativas florestais e o financiamento de atividades geradoras de renda, etc.

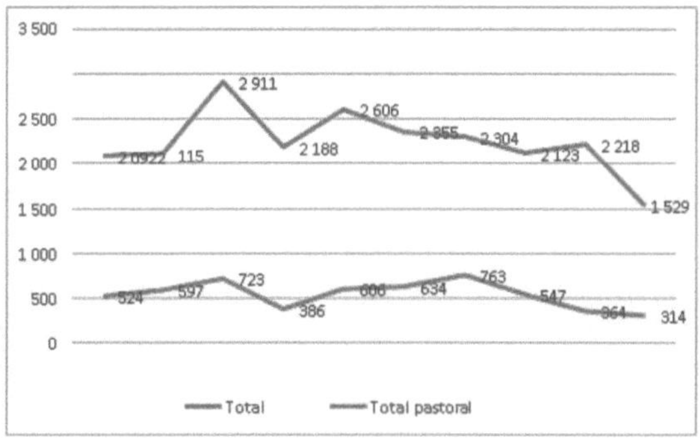

Figura 10: Evolução dos crimes totais e pastorais na região de Fez-Meknes

A natureza das ofensas pastorais mostra um claro domínio das ofensas pastorais relacionadas com a violação de pousios que afetam o sucesso do trabalho de reflorestamento (reflorestamento, regeneração) e com a poda/ramotização realizada em períodos de baixa disponibilidade de forragem.

9.2.2- Gestão de pousios florestais na região de Fez-Meknes

Ao nível da região de Fez-Meknes, a área acumulada de desmatamentos florestais (MDF), ascende a quase **60.960 ha.** A evolução da área acumulada colocada sob desmatamento florestal mostra que essa área mais que dobrou entre 2005 (24.591 ha) e 2019 (60.960 ha).

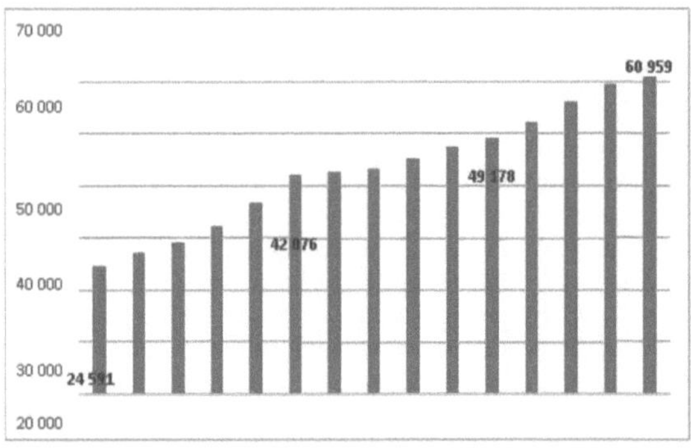

Figura 11: Área acumulada de desmatamento florestal em hectares (Região Fez-Meknes)

Ao nível da região de Fez-Meknes, a área retirada totaliza quase **60.959 ha,** ou seja, uma taxa de retirada de 8,7% da área florestal total. O estado das clareiras florestais que beneficiam da compensação das clareiras florestais (CMDF) e isto, de acordo com as disposições da compensação instituída em 2002 (cf. detalhe na parte IV) ao nível da região de Fez-Meknes ascende a 35.230 ha.A evolução comparativa entre a área desmatada (MDF) e aquela compensada (CMDF) é apresentada na figura abaixo, que incentiva os gestores florestais a investir mais na consolidação e no fortalecimento da gestão concertada dos recursos com as comunidades pastoris organizadas em associações pastoris e a fazer com que elas se beneficiem da compensação por desmatamento considerado como uma forma de pagamento por serviços ecossistêmicos.

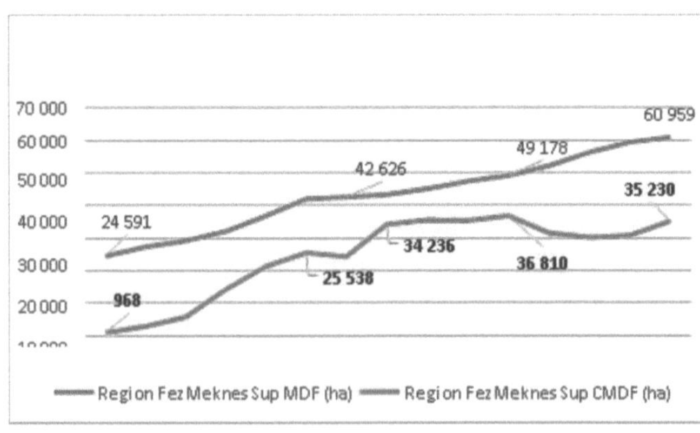

Figura 12: Evolução da área reservada (MDF) e aquela compensada (CMDF)

9.2.3- Avaliação do potencial de produção pastoril em áreas florestais e de pastagem

As áreas silvopastoris da região de Fez-Meknes, que totalizam uma superfície de **1.293.950 hectares,** garantem uma produção pastoral, em ano normal, da ordem de 245 milhões de unidades forrageiras (UF), ou seja, 16,35% da produção total de forragem da área silvopastoris a nível nacional (1,5 bilhões de UF). A distribuição desta produção por província administrativa é apresentada na tabela abaixo

Quadro 5: Distribuição da produção pastoral total por província

Província Administrativa	Produção Pastoral (* 1 000 UF)	em % de
Taza	46 775	19,1
Taounate	14 916	6,1
Boulemane	111 221	45,3
Sefrou	31 397	12,8
Ifrane	30 085	12,3
Meknes-El Hajeb	10 886	4,4
TOTAL GLOBAL	**245 280**	**100**

9.2.4- Indicadores silvopastorais

(i) **Cargas e coeficiente de sobrepastoreio:** O coeficiente de sobrepastoreio (**Cs**) é um indicador composto que equaciona a carga real (**Cr**) e a carga de equilíbrio (**Ce**). Este coeficiente é mais elevado no caso de áreas pastoris/silvopastoris onde a pressão pastoral excede em muito as possibilidades produtivas dos maciços em questão.

A fórmula para o coeficiente de sobrepastoreio é a seguinte: **Cs=100(1-Ce/Cr)**

Categorizar as áreas florestais de acordo com o estado de pressão pastoral, três casos foram retidos de acordo com o valor do coeficiente de sobrepastoreio:

- ✓ Áreas florestais com **pressão de pastagem muito elevada**: **Cs ≥ 60%** ;
- ✓ Áreas florestais com **alta pressão de pastoreio**: **Cs** entre **30** e **60%**;
- ✓ Áreas florestais com **baixa pressão de pastoreio**: **Cs < 30%** ;

Para destacar o estado de pressão pastoral por maciço florestal na área de estudo, utilizamos dados de estudos de manejo florestal (seção Sócio-econômica e Pecuária). A análise dos dados relativos aos indicadores silvopastoris em nível das 34 florestas com planos de manejo em nível da região de Fez-Meknes, mostra :

✓ A carga de equilíbrio, que expressa o nível ideal de carga de um pasto para garantir a renovação dos seus recursos pastoris e silvopastoris. Globalmente, os valores deste indicador são em média 0,73 UPB/ha e variam de 0,2 a 2,98 UPB/ha, são largamente inferiores aos da carga real;

✓ A carga real é em média 1,9 BAU/ha, ou seja, 2,6 vezes a carga de equilíbrio, ou seja, a capacidade produtiva dos rangelands na área de estudo;

✓ O coeficiente de sobrepastoreio expressa o grau de pressão sobre os recursos pastoris ou silvopastoris de uma determinada área pastoral e é em média de 61,6% para a área de estudo.

Além disso, a distribuição da área florestal por tipo de pressão pastoral mostra que :

- ✓ 228.685 ha estão sujeitos a uma pressão de pastoreio muito elevada (34,6%);
- ✓ 316.904 ha estão sujeitos a alta pressão de pastoreio (48,0%);
- ✓ 114.551 ha estão sujeitos a baixa pressão de pastoreio (17,4%);

Como resultado, quase 82,6% dessas áreas silvopastoris estão sujeitas a forte a muito forte pressão pastoral e apenas 17,4% estão sujeitas a fraca pressão pastoral.

Globalmente, os valores médios dos indicadores silvopastorais a serem retidos para a região de Fez-Meknes, são os seguintes: a carga de equilíbrio é de 0,73 UPB/ha e a carga real é de 1,9 UPB/ha o que gera uma taxa de retirada de 2,6 vezes a possibilidade produtiva do espaço silvopastoril. O coeficiente de sobrepastoreio é avaliado em 61,6% e 82,6% da área silvopastoril está sujeita a uma forte a muito forte pressão pastoral.

(ii) Défice de forragem :

Com base nos indicadores silvopastoris para florestas manejadas e outros estudos similares para florestas não manejadas e campos de capim esparto, notamos que para os 48 maciços florestais da área de estudo, 40 florestas têm um déficit de forragem de mais de 30%, o que leva a práticas pastoris muito negativas nos povoamentos florestais (sondagem, violação de pousios, etc.).

Por outro lado, 8 florestas têm um déficit forrageiro inferior a 30%: Kifane, Chikker, Taffert, Haut Sebou, Beni Sohane, Jbel Aoua Sud, Ouergha e Jbel Outka.

Globalmente, o nível do défice global de forragem é de cerca de 62,4%, o que é considerado um valor muito elevado, exigindo a mobilização de vários parceiros para consolidar e reforçar a oferta de forragem na floresta e fora dela, mas também para assegurar a supervisão das práticas pastoris e a melhoria das condições zootécnicas da pecuária extensiva na floresta, com o apoio particular de associações profissionais, especialmente a Associação Nacional dos Ovinos e Caprinos (ANOC).

9.3- Abordagem para a implementação regional da estratégia silvopastoril

O objetivo principal do estudo é implementar a estratégia silvopastoral nacional (2016) em uma região piloto e um programa de atividades é definido em consulta com os vários atores (atores institucionais, organizações profissionais, organizações comunitárias e pastorais, etc.). A realização deste exercício de implementação e elaboração da estratégia silvopastoral regional (região Fez-Meknes), exigiu o uso de uma abordagem participativa particularmente com os gestores florestais em nível regional, provincial e local (CCDRF). A reflexão sobre a elaboração da referida estratégia regional foi construída progressivamente através de seminários regionais (DREFLCD), provinciais (DPEFLCD e CCDRF), entrevistas com os serviços centrais e a síntese dos dados recolhidos com base num questionário preenchido pelos gestores de campo (DPEFLCD e CCDRF)A abordagem consiste em traduzir os seis eixos da estratégia nacional (Capítulo VIII) numa estratégia silvo-pastoril regional para uma região piloto (Região Fez-Meknes). A abordagem adotada consiste em uma definição precisa e argumentada das atividades pastoris a serem mantidas para esta região. O faseamento do estudo é o seguinte

🕒 **Fase 1:** Estudo básico e caracterização global da questão silvopastoril na região de Fez-Meknes ;
🕒 **Fase 2:** Análise-diagnóstico e problemas silvopastorais regionais ;
🕒 **Fase 3:** Elaboração e elaboração da estratégia silvopastoril regional.

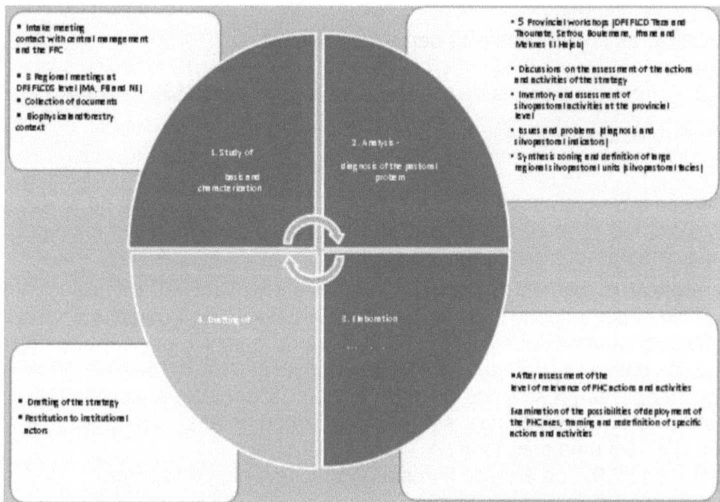

Figura 13: Diagrama de fases do processo de estudo

9.4- Implementação e implantação da estratégia silvopastoril

Deve-se recordar que a estratégia silvopastoral nacional é aplicada a nível regional, com as mesmas linhas e ações estratégicas, e que as atividades serão moduladas com base nos elementos do diagnóstico silvopastoral para a região de Fez-Meknes (cf. parágrafo 9.3 acima) e a avaliação dos gestores das referidas ações e atividades no contexto da referida região.

❖ **Eixo estratégico 1 - Reconstituição dos ecossistemas florestais-pastoris.**

Ação 1.1. Melhorar a conservação dos recursos pastoris (PSR)

Atividades retidas :

✓ Reforçar o controle florestal e o monitoramento de litígios, particularmente no nível do CCDFR de Ain Leuh e Boulemane, que têm o maior número de delitos pastorais.
✓ Contribuir para a implementação das novas disposições da Lei 113-13 sobre transumância pastoral, desenvolvimento e gestão das áreas pastorais e silvopastoris (2016);
✓ Estabelecer um sistema de rotação com repouso dos pastos. O descanso é uma das ações mais eficazes e menos onerosas de melhoramento pastoral, cuja implementação requer uma base organizacional sólida. Foram lançadas iniciativas

na província de Ifrane em colaboração com as associações pastoris de Sehb Laghnem (Azrou Forest) e Ait M'hamed (Timahdit Forest);

✓ Iniciar e supervisionar as operações de corte da azinheira com pastores organizados, para substituir as práticas ilegais de corte e de cobertura dos povoamentos florestais. Esta medida requer a adoção de uma abordagem participativa com as organizações comunitárias de usuários existentes (cooperativas e associações pastoris);

✓ Sensibilizar as populações e os parceiros envolvidos.

Ação 1.2. Aumentar a oferta de recursos silvopastoris (RSP)

Atividades retidas :

✓ Fortalecer o programa de melhoria silvopastoril com uma taxa de 5.000 ha/ano para os próximos 10 anos, cumprindo as prescrições dos planos de manejo florestal para a escolha dos locais a serem tratados.

✓ Generalizar os planos de manejo florestal e silvopastoral, particularmente dos canteiros de capim esparto (631.412 ha) na DPEFLCD de Boulemane e reforçar a consistência destes estudos sobre o tema pastoral e social, por ocasião da revisão dos referidos estudos;

✓ Implementar as prescrições de gestão, nomeadamente as acções de melhoria silvopastoris e os tratamentos silvopastoris (deprimentes) dos povoamentos de azinheira que têm uma área total de
230.356 ha ou 32,9% da área de floresta, excluindo o capim esparto;

✓ Promover arbustos forrageiros e espécies perenes indígenas específicas adaptadas aos ecossistemas de azinheira e de capim esparto. A experiência do projecto PDPEO na região oriental serve como um estudo de caso, particularmente para os prados de esparto e a azinheira de Bouhssoussen (Província de Khénifra);

✓ Examinar com a estação regional de sementes florestais de Azrou que abrange a região de Fès-Meknès, a assunção da responsabilidade pela colheita, armazenamento, acondicionamento e distribuição das sementes pastoris, dando prioridade aos arbustos forrageiros e às espécies autóctones perenes;

✓ Sensibilizar a população e os parceiros regionais, numa lógica de
para assegurar o seu apoio ao sucesso dos programas de melhoria silvopastoris.

❖ **Área Estratégica 2. Melhorar a organização dos utilizadores de recursos silvopastoris**

Ação 2.1. Melhor organização dos titulares de direitos

Atividades retidas :

✓ Identificar e mapear os legítimos proprietários por parque pastoral.

✓ Sensibilizar os titulares de direitos, as autoridades locais e as comunidades territoriais para a questão dos recursos silvopastoris;

✓ Apoiar a criação de organizações silvopastoris que actualmente gerem 35.500 ha, para cobrir todas as áreas reservadas onha ;

✓ Estabelecer programas de formação e apoio às organizações silvopastoris que não receberam qualquer formação desde 2005, quando foram criadas as primeiras associações pastorais.

✓ Reabilitar e adaptar as boas práticas de gestão dos recursos silvopastoris ao nível do parque florestal.

Ação 2.2. Levando em conta os usuários que NÃO têm direito a benefícios

Atividades retidas :

✓ Realizar um diagnóstico dos usuários não identificados, a fim de avaliar os conflitos relacionados às áreas silvo-pastoris e fazer recomendações;

✓ Reforçar a capacidade de gestão de recursos silvopastoris em Escala do parque pastoril

✓ Determinar mecanismos para a integração de utilizadores não identificados;

✓ Implementar abordagens de resolução de conflitos.

❖ **Eixo estratégico 3. apoio ao desenvolvimento sócio-econômico de áreas florestais e periflorestais**

Ação 3.1. Desenvolver parcerias para melhorar a gestão dos sistemas pecuários

Atividades retidas :

✓ Desenvolver novas parcerias com o Departamento de Agricultura ;

✓ Maximizar experiências na gestão de áreas silvopastoris e pastoris no âmbito de projectos de desenvolvimento integrado.

✓ Estudar com a ANOC as possibilidades de integrar nos seus planos de acção assumir a responsabilidade das associações pastorais das áreas florestais ;

✓ Estabelecer e implementar um acordo-quadro para apoiar a ANOC na melhoria da supervisão dos criadores de gado que utilizam as áreas silvopastoris.

Ação 3.2. Contribuir para o desenvolvimento dos sectores pecuários com grupos de criadores

Atividades retidas :

✓ Melhorar as infra-estruturas (pontos de água, centro de alimentação, abrigos)

✓ Determinar, em conjunto com os serviços agrícolas, os canais (lã, carne de ovelha Timahdit);

✓ Promover a valorização e rotulagem dos produtos animais específicos da região de Fez-Meknes;

✓ Apoio a grupos de criadores de gado que são utilizadores das áreas florestais e de pastagem, em torno dos sectores pecuários.

Ação 3.3. Desenvolver atividades geradoras de renda

Atividades retidas :

- ✓ Selecione os principais produtos florestais madeireiros e não-madeireiros a serem valorizados;
- ✓ Lançar ações piloto para promover produtos;
- ✓ Reforçar as habilidades dos usuários no desenvolvimento sustentável de produtos.

❖ **Área estratégica 4: Melhorar a governança dos recursos silvo-pastoris.**

Ação 4.1. Desenvolver uma visão comum entre os diferentes actores

Atividades retidas :

- ✓ Participar ativamente nas reuniões do comitê regional de caminhos;
- ✓ Propor temas específicos para o debate sobre as dimensões técnicas e organizacionais das questões silvopastoris e a co-gestão das áreas silvopastoris;
- ✓ Esclarecer os papéis das diferentes partes interessadas (mapeamento de partes interessadas).
- ✓ Desenvolver uma carta/acordo para a gestão sustentável e compartilhada dos recursos silvopastoris.

Ação 4.2: Generalizar os planos diretores de desenvolvimento pastorale silvo-pastoral no território nacional

Atividades retidas :

- ✓ Acompanhar a implementação dos planos elaborados para a definição das áreas pastoris e silvopastoris a serem desenvolvidas num quadro integrado e com a contribuição dos vários actores envolvidos;
- ✓ Estabelecer acordos-quadro com os Conselhos Regionais especificando os seus compromissos e a sua contribuição para a implementação das prescrições deste estudo regional.

❖ **Área Estratégica 5: Pesquisa e Desenvolvimento, Holística e Dinâmica**

Atividades retidas :

- ✓ Conceber com o CRF um programa específico de pesquisa e desenvolvimento de atividades silvopastoris adaptadas ao contexto da região de Fez-Meknes;
- ✓ Construir e implementar um sistema de monitoramento para os vários indicadores e dados básicos para apoio à decisão ;
- ✓ Reforçar a comunicação entre gestores e investigadores sobre questões silvopastorais;
- ✓ Estudar a possibilidade de criação de uma estrutura/antena regional pesquisa ;
- ✓ Identificar parcelas permanentes para o monitoramento de ecossistemas silvopastoris ;
- ✓ Estabelecer modelos de gestão socio-económica específicos para as áreas

silvopastoris;

✓ Conceber e implementar bases de dados interactivas entre investigadores e gestores;

✓ Analisar o impacto do set-aside na reconstituição dos recursos silvopastoris;

✓ Maximizar as experiências nacionais e internacionais ;

❖ **Área estratégica 6: Fortalecimento das capacidades técnicas e organizacionais da HCEFLCD**

Ação 6.1. Adaptar a formação básica e proporcionar programas de formação contínua para benefício das unidades de gestão

Atividades retidas :

✓ Avaliar o currículo de formação em gestão silvopastoral integrando o caso das áreas silvopastorais da região de Fez-Meknes;

✓ Avaliar o programa de formação actual e adaptá-lo às necessidades da gestão silvopastoral na região de Fez-Meknes;

✓ Propor emendas aos currículos de formação inicial e contínua

✓ Desenvolver novos módulos relativos à sociologia e às práticas pastorais na floresta.

Ação 6.2. Reforçar as plataformas organizacionais (CNF, CPF) e melhorar a sua animação

Atividades retidas :

Integrar a questão silvopastoral no conteúdo das reuniões dos conselhos provinciais e do conselho florestal regional, com base nas orientações da estratégia silvopastoral regional e dos planos de acção operacionais;

✓ Assegurar o acompanhamento e a implementação das recomendações da organização destas plataformas.

Ação 6.3. Implantar centros de animação em torno de projetos silvo-pastoris

Atividades retidas :

Recrutar e treinar facilitadores.

✓ Fornecer o equipamento e logística necessários para os facilitadores.

✓ Acompanhar e supervisionar as equipas de animadores de acordo com um roteiro a ser enquadrado de acordo com as zonas de afectação.

O desenvolvimento da estratégia silvopastoril regional ao nível da região de Fez-Meknes deve estar em conformidade com a nova política florestal (Forêts du Maroc 2020-2030), que prevê o estabelecimento de mecanismos e ferramentas institucionais e de parceria susceptíveis de promover sinergias entre os diferentes actores envolvidos na gestão sustentável das áreas florestais por tipo de ecossistema (abordagem ecossistémica)A fim de combinar as intervenções dos diferentes parceiros institucionais, bem como da sociedade civil e das populações beneficiárias, a estratégia silvopastoril regional constitui um quadro adequado para federar os referidos parceiros numa lógica de complementaridade e de forma adaptada a cada ecossistema silvopastoril. Os serviços desconcentrados de água e silvicultura são chamados a desempenhar o papel de catalisador e iniciador de parcerias em diferentes níveis: regional, provincial e local.

CAPÍTULO X: PRÁTICAS PASTORIS NA FLORESTA E DESENVOLVIMENTO SUSTENTÁVEL: UMA QUESTÃO SOCIAL ECOLÓGICA

10.1. Lembrete das orientações da nova política florestal "Florestas de Marrocos 2020-2030

A nova estratégia florestal (2020-2030) chamada "Florestas de Marrocos" para o desenvolvimento do sector florestal, manteve-se como um desafio para tornar a floresta competitiva e a sua exploração moderna. Esta nova estratégia está estruturada em torno de 5 orientações, 3 motores, 3 objectivos. Esta nova estratégia visa reconciliar os marroquinos com a floresta e desenvolver um património florestal para todas as gerações e grupos sociais, de acordo com um modelo de gestão sustentável, inclusivo e de criação de riqueza.
As 5 orientações retidas são as seguintes:

- Tornar o patrimônio florestal uma área de desenvolvimento;
- Assegurar a sua sustentabilidade ;
- Adoptar uma abordagem participativa com todas as partes interessadas;
- Reforçar a capacidade produtiva das florestas ;
- Proteger a biodiversidade.

Esta estratégia é impulsionada por três factores: melhor sucesso no reflorestamento, melhor envolvimento da população e melhor acção a nível local. O objetivo é reforçar os programas de reflorestamento, regeneração natural das florestas e melhoria da pastorícia para aumentar de 50.000 ha (2020) para 100.000 ha no final da estratégia (2030). Entre as medidas de acompanhamento para este efeito, o montante da compensação pela retirada de terras actualmente de 250 dh/ha/ano será multiplicado por quatro (1000 dh/ha/ano). Esta medida é susceptível de reforçar a gestão concertada dos recursos silvo-pastoris em parceria com as associações pastoris.
Para alcançar estes objectivos, a nova estratégia baseia-se em 4 eixos:

- Reinvenção e estruturação da abordagem participativa, tendo a população como principal ator no manejo das áreas florestais e silvopastoris;
- Diferenciar e desenvolver espaços de acordo com a sua vocação;
- Investir em e modernizar as profissões florestais através da digitalização;
- Reforma institucional para uma melhor gestão do património florestal.

Em relação ao tema do desenvolvimento e gestão sustentável dos recursos silvo-pastoris, os principais programas relativos a este tema são resumidos da seguinte forma

- Criar mais de 200 organizações locais de desenvolvimento florestal: Estas novas organizações comunitárias poderão apoiar os vários programas de desenvolvimento, conservação e gestão sustentável para áreas florestais e silvo-pastoris. Para garantir o sucesso do programa, será criado um novo corpo de mais de 500 animadores territoriais;
- Contratualizar o manejo participativo das áreas florestais e silvo-pastoris com a população local: Este programa faz parte de uma perspectiva de restauração dos ecossistemas florestais através do fortalecimento das ações de reflorestamento, regeneração natural e melhoria silvo-pastoril no sentido de aumentar a cobertura dos ecossistemas florestais e limitar os efeitos dos fatores de degradação;

⌚ Conservar e aumentar a biodiversidade: O objectivo é fazer deste programa uma preocupação permanente na gestão de áreas e avançar no sentido de inverter a tendência para a erosão da biodiversidade. Este programa visa aumentar a biodiversidade através do desenvolvimento do ecoturismo;

⌚ Continuar a luta contra a desertificação: Este eixo faz parte de uma abordagem para reforçar a segurança da água através, por um lado, do desenvolvimento sustentado das bacias hidrográficas, da luta contra a degradação do solo e o assoreamento e, por outro lado, da adaptação às alterações climáticas e à gestão dos riscos.

10.2- Silvopastoralismo: Que abordagem ao desenvolvimento sustentável

A floresta oferece um espaço pastoral privilegiado pela natureza, a diversidade e a riqueza das espécies florísticas que a constituem. Estas espécies, baseadas em árvores, arbustos e espécies arbustivas sempre verdes, oferecem a disponibilidade de forragem durante todo o ano através dos seus ramos, rebentos jovens e fitomassa foliar acessível. Esta particularidade das serras florestais diferencia-as de outras serras fora da floresta cuja produção forrageira permanece fortemente dependente dos riscos climáticos. Portanto, assim que a seca é prolongada, a produção de pastagens herbáceas é limitada, e é sempre a floresta que sofre, através de uma sobrecarga pastoral adicional, as repercussões dos riscos climáticos.Num contexto internacional em que as preocupações ambientais se tornaram cada vez mais importantes diante de objetivos puramente econômicos, o conceito de desenvolvimento sustentável tem gradualmente surgido para expressar a necessidade de conciliar os objetivos de desenvolvimento com a preservação dos recursos naturais. Como é importante sublinhar a dimensão espacial e territorial da sustentabilidade, implicando uma abordagem global dos diferentes componentes (aspectos sociais, económicos, demográficos, ecológicos...). A floresta constitui uma área de intersecção entre a floresta como domínio privado do Estado e os direitos de uso de que está sobrecarregada (em particular o curso) e que são dedicados às populações ribeirinhas (utilizadores). Esta área de intersecção alargar-se-á ou diminuirá de acordo com um sistema de acordeão pontuado por perigos climáticos. Assim, num bom ano climático, o pastoreio na floresta permanece limitado à vegetação pratícola (pastoreio directo), enquanto que num ano de seca, os pastores efectuam a cobertura e desgalhamento dos povoamentos florestais para satisfazer as necessidades forrageiras do gado, e consequentemente o pastoreio estende-se aos estratos arbóreo e arbustivo (pastoreio indirecto).Como resultado, os riscos climáticos afetam diretamente a alimentação do gado móvel através de uma extensão do período de permanência e um aumento da carga pastoral na floresta, tornando o equilíbrio forrageiro altamente dependente dos recursos forrageiros oferecidos pela floresta. Da mesma forma, haverá um grande movimento de gado em direção às florestas, e as rotas convencionais de transumância darão lugar à transumância cíclica descrita abaixo:

✓ Os rebanhos de ovelhas das zonas estepárias do Oriente refugiar-se-ão nos maciços florestais de Debdou e Bouiblane, no Atlas do Meio do Nordeste;

✓ Os rebanhos de cabras e camelos das províncias do sul serão confinados no pomar de argan do Sudoeste ;

✓ As florestas do Atlas do Meio servirão de espaço pastoral para as áreas do planícies agrícolas e a Meseta Costeira e o Planalto Central;

✓ Os rebanhos dos oásis do sul encontrarão refúgio nas encostas do Alto Atlas do Sahara, enquanto as encostas do norte serão utilizadas pelos rebanhos das zonas agrícolas de Abda-Ahmar, Al Haouz, Chichaoua, Chiadma e Sraghna;

✓ O gado da planície do Gharb está direccionado para o montado de sobro atlântico, particularmente o do Maâmora. Os rebanhos da região de Loukkos e do Pré-Rifo estão dirigidos para os maciços florestais do Rif Ocidental, particularmente na província de Chefchaouen.

É de salientar que o camião e o telemóvel desempenharam um papel decisivo no aumento da transumância. O aumento do número de rebanhos que pastam na floresta levará à extensão da área de pastagem por toda a floresta e até mesmo as terras retiradas estabelecidas para fins de reabilitação e regeneração do ecossistema florestal serão violadas, o que criará um clima de tensão entre os pastores e os serviços florestais.

Como resultado, a eficiência do sistema pecuário será grandemente afectada pelo elevado custo da alimentação suplementar e pela queda fatal do preço de venda do gado nos souks durante o período de seca. Assim, estaremos num círculo vicioso: a montante, observamos uma sobreexploração dos recursos silvo-pastoris e a jusante, uma baixa produtividade do gado extensivo.

Neste nível, análises econômicas em relação à ecologia devem ser realizadas para avaliar os danos sofridos pelos povoamentos florestais e sistemas pecuários, a fim de restaurar o equilíbrio silvo-pastoril que poderia melhorar a renda da pecuária extensiva a curto e médio prazo e assegurar a gestão sustentável dos recursos pastoris a longo prazo.

10.3- Recomendações

Apoio à gestão participativa dos recursos naturais: No âmbito da busca de um compromisso entre a gestão sustentável dos recursos naturais, por um lado, e o desenvolvimento e manutenção das condições mínimas de vida das comunidades pastoris, por outro, o esquema de gestão e exploração das áreas silvopastoris requer ações de apoio e facilitação que condicionem a adesão e a durabilidade das intervenções.

A abordagem prevista consiste em envolver as comunidades pastoris de base em programas de desenvolvimento silvopastoril e incentivar a rápida limpeza das áreas silvopastoris. Ela se concentra na promoção de uma abordagem participativa baseada na consolidação das habilidades, interesses e capacidades locais. As comunidades serão consideradas como verdadeiros parceiros, com os quais os vários programas de desenvolvimento devem ser definidos, desde a concepção até à implementação.

A fim de combinar as intervenções dos vários parceiros institucionais, da sociedade civil e das organizações comunitárias e pastorais, a abordagem participativa constitui um quadro adequado para federar os referidos parceiros, numa lógica de complementaridade e de forma adaptada a cada contexto. No entanto, tal integração só pode ser eficaz dentro de uma estrutura federativa na qual cada ator aja de acordo com suas missões, meios e responsabilidades, convergindo para um objetivo único e harmonizado.

Esta abordagem levou ao reconhecimento internacional da contribuição das mulheres como um grupo social distinto no sector florestal, bem como da importância da equidade de género entre os diferentes grupos sociais envolvidos no uso e exploração das florestas e das terras de pastagem.

Necessidade de restauração de áreas silvopastorais: Não se pode garantir uma gestão sustentável dos ecossistemas pastoris arborizados se, durante um

determinado período de tempo, parte deste ecossistema não for colocada sob protecção e regenerada. No entanto, é frequentemente objecto de contestação por parte das populações locais que censuram a colocação sob protecção de uma parte da floresta por um período muitas vezes demasiado longo (10 a 20 anos), dependendo das espécies florestais. Como o objectivo é a renovação de povoamentos antigos que necessitam de rejuvenescimento, o desafio aqui é a salvaguarda dos recursos silvopastoris sem negligenciar os interesses dos utilizadores.
As abordagens de restauração a serem definidas pelo ecossistema requerem uma investigação científica holística, que permita ter referências técnicas e sócio-económicas para orientar os programas para o contexto sócio-ecológico das zonas silvopastoris e ter em conta a evolução futura da economia rural, cada vez mais orientada para uma economia de mercado individualista que deixa pouco espaço para o conhecimento local baseado no colectivismo. No caso de Marrocos, onde a aridez afecta mais de 90% do território nacional, as comunidades pastoris adoptaram uma diversidade de sistemas de produção mistos a fim de amortecer o impacto dos riscos climáticos. A criação extensiva com base em pequenos ruminantes (ovinos e caprinos) e culturas de sequeiro (especialmente cevada) continuam a ser as culturas dominantes nas zonas áridas e semi-áridas, que têm vastas extensões de serras naturais nas florestas e fora das florestas. Nessas áreas, que vivem ao ritmo dos riscos climáticos resultando na exploração excessiva de recursos naturais e específicos e geralmente beneficiando apenas de modestos investimentos, a restauração de áreas silvopastoris é uma das medidas eficazes para se adaptar às mudanças globais e atrair para essas regiões os tão necessários investimentos verdes.

🕓 **Desenvolvimento humano das comunidades pastorais:** Ações de eco-desenvolvimento facilitam a adesão das populações a programas de reabilitação e desenvolvimento de ecossistemas silvopastoris. O objetivo é promover atividades agro-pastoris geradoras de renda que valorizem o capital natural: fruticultura, plantas aromáticas, produção de forragens, apicultura, etc. Esta dimensão centra-se na melhoria das condições socioeconómicas e no estabelecimento de infra-estruturas básicas (caminhos, água potável, electrificação.....) que permitirão também o desenvolvimento da produção agrícola, pastoral e florestal e a melhoria das infra-estruturas dos canais de comercialização para permitir a venda da produção agrícola a preços justos.

🕓 **Planejamento flexível de projetos e programas de desenvolvimento silvopastoris:** A abordagem deve permitir que a população e todas as outras partes interessadas contribuam para as várias fases do projecto através de uma programação de baixo para cima e flexível das actividades. A programação deve ser estabelecida por zona homogênea, a fim de criar uma sinergia entre os diferentes componentes do projeto e o surgimento de pólos de desenvolvimento em torno das atividades visadas pelo território silvopastoril. Uma programação baseada numa concentração das acções no tempo e no espaço, de modo a garantir um impacto directo e rápido nas condições de vida das populações e, consequentemente, a sua participação e adesão garantindo a sustentabilidade do projecto.

🕓 **Incentivos económicos:** As áreas silvipastoris oferecem um bom potencial para a produção pecuária extensiva, que é uma atividade sócio-econômica vital para as populações de áreas florestais e periflorestais. Portanto, políticas futuras devem focar a sustentabilidade dos recursos naturais e uma melhor eficiência dos sistemas de pecuária extensiva na floresta, abandonando progressivamente o aumento do número de animais.

No estado actual do conhecimento, estes incentivos estão relacionados com :

(i) Promoção de uma economia verde que favoreça a conservação e restauração de áreas silvopastoris, (ii) Incentivo ao rápido desabastecimento de seringueiras em condições normais e de seca através de, (iii) Generalização do princípio de taxas para seringueiras em florestas, que deve ser proporcional ao tamanho dos rebanhos (princípio da equidade) e que os fundos recolhidos sejam reinvestidos em projectos comunitários, (iv) Incentivar as actividades de engorda em áreas com potencial agrícola e reservar a floresta para a criação de gado, e (v) Melhorar a infra-estrutura dos canais de comercialização para permitir preços justos nos anos de seca. A ideia de criar matadouros comunitários nas zonas silvopastoris deve ser promovida. Os problemas e questões relacionados com o desenvolvimento sustentável das zonas silvopastoris requerem uma reflexão profunda sobre os vectores de mudança que podem melhorar as condições de vida das populações rurais, e assim inverter a tendência de degradação e levar à conservação e gestão sustentável dos recursos naturais. A implementação de uma estratégia de desenvolvimento silvopastoril nestas áreas particularmente pobres, com uma economia e ecologia frágeis, terá como objectivo repensar as práticas pastoris num processo de adaptação às mudanças globais. As medidas recomendadas devem centrar-se no reforço das capacidades locais de autodesenvolvimento e na criação de mecanismos de incentivo ao investimento e ao acesso ao progresso técnico. O sucesso desta abordagem não resulta apenas de medidas técnicas ou económicas e depende menos da elaboração de projectos correctamente concebidos do que da capacidade das populações em causa de iniciar e participar em acções que elas próprias escolheram. A tarefa é certamente longa e árdua, mas se o financiamento se seguir, os equilíbrios sócio-ecológicos perturbados serão gradualmente restabelecidos e o muito procurado compromisso entre a economia, o ambiente e o desenvolvimento humano será encontrado.

CONCLUSÃO

No final deste livro, que trata do tema "Renovação das práticas pastoris na floresta em Marrocos: da Tradição à Gestão", e que foi estruturado em torno de nove capítulos que tratam de várias facetas da pecuária móvel e das áreas silvopastoris. A complexidade das questões levantadas pelo tema do estudo nas suas dimensões ecológica, social e económica emerge. Este modesto exercício analítico não pretende responder a todas as questões levantadas por este tema, mas sim apresentar uma síntese do mais exaustivo possível, sobre a espinhosa questão da prática pastoral na floresta. Os elementos sobre os quais se baseia esta análise são extraídos da minha própria experiência, da literatura disponível e dos projectos em que tenho estado envolvido durante a minha vida profissional desde meados dos anos 80.Através deste livro, gostaria de prestar homenagem a um dos temas mais controversos, nomeadamente o "silvopastoralismo", um termo que associa o gado à floresta. Este campo, que oferece um tema plural de debate e que traça uma imponente trajetória quanto ao debate contemporâneo do princípio ou da garantia de sustentabilidade dos recursos naturais. Em conclusão, no Norte de África, mais do que em qualquer outro lugar, os sistemas pecuários provavelmente incluem os recursos forrageiros da floresta. O peso deste componente no equilíbrio forrageiro permanece dependente da extensão do risco climático e das possibilidades de mobilidade do rebanho e do homem através da transumância ou do nomadismo. Além disso, quando a seca é prolongada, é sempre a floresta que irá sofrer as repercussões dos riscos climáticos através de uma sobrecarga de pastoreio. As repercussões deste pastoreio são muito negativas para a regeneração natural, o futuro dos ecossistemas florestais e a conservação dos seus recursos. O uso dos recursos silvopastoris, que parece ser regulado dentro das comunidades e entre grupos sociais, é geralmente marcado pela liberdade relativa e por relações de convivência e tolerância, mas que por vezes estão sujeitos a conflitos de competição e hostilidade em momentos críticos do calendário silvopastoril da pecuária móvel. As práticas pastorais, tanto no tempo como no espaço, são geridas com maior vigilância e continuidade.

De facto, a utilização destes recursos silvopastoris é governada por numerosas instituições locais. De facto, no seio de cada comunidade, a coordenação das relações e das decisões é da responsabilidade de uma assembleia habitual conhecida como "Jmaâ", uma forma de organização tradicional composta por representantes das unidades sócio-territoriais elementares (linhagens, duplas, terroirs, grupos de duplas, etc.) e, segundo uma organização paralela, das colectividades territoriais eleitas, que estruturam cada território florestal e silvopastoril. Estas instituições são responsáveis pela gestão de vários objectos e tipos de relações, que podem representar grupos de diferentes grupos sociais e étnicos. Os principais factores de perturbação dos sistemas silvopastoris são os seguintes (i) Uma erosão das organizações consuetudinárias e seus papéis na regulação das práticas pastorais, (ii) Uma tendência a apropriar-se de espaços e recursos, particularmente em nível de espaços coletivos, (iii) Fatores de mudança no exercício das práticas pastoris em nível de espaços pastoris e silvopastoris. As perspectivas desta evolução devem ser avaliadas e apreendidas num quadro de articulação e complementaridade das atividades pastoris, florestais e agrícolas nas montanhas silvopastoris do país. Assim, a gestão sustentável da área silvopastoril não só coloca problemas técnicos, mas também levanta questões sócio-ecológicas. Em suma, a reflexão sobre a questão do cuidado pastoral nas florestas, que se desenvolve desde os anos 70, só alcançará os seus objectivos através da implementação de uma abordagem participativa e baseada em parcerias para a gestão da área pastoral. A acção concretizou-se, no terreno, pelo aparecimento de novas entidades autónomas, os agrupamentos silvopastoris de interesse colectivo e as instalações silvopastoris aceites por todos. O objetivo é restaurar gradualmente o equilíbrio sócio-ecológico entre floresta, sertão e gado. Finalmente, o apoio das autoridades políticas e financeiras continua a ser indispensável para o sucesso desta abordagem.

REFERÊNCIAS BIBLIOGRÁFICAS

ADMINISTRAÇÃO E CONSERVAÇÃO DA ÁGUA E DAS FLORESTAS DES SOLS (AEFCS), 1996. Actas do 1º simpósio nacional sobre as florestas marroquinas (Ifrane, 21-23 de Março de 1996). 120 p.
Acherkouk M., Maâtougui A., El Houmaizi Mohamed Aziz, 2012. Estudo do impacto do descanso pastoral nas pastagens estepárias do leste de Marrocos na restauração da vegetação. Drought, vol. 23, n. 2 (01/04/2012).
Aïdoud A., Le Floc'h E. & Le Houérou H.N., 2006. As estepes áridas do Norte de África. Sécheresse, 17,1-2, 19-30. Banco Mundial, 1995: Uma estratégia para o desenvolvimento das zonas áridas e semi-áridas em Marrocos.
AIT HAMZA M., 2008 - "Nomadismo e transumância: uma abordagem metodológica", in Towards a strategy for territorial development planning in the Arab world, Actas do 4º encontro de geógrafos árabes, Casablanca, ANAGEM, p. 663-693.
AIT HAMZA M., 2005 - "Crise de la montagne et forme d'adaptation (Maroc)", in Pour une nouvelle perception des montagnes marocaines, Ait Hamza M., e Popp H. Eds, Rabat, FLSH (Série Colloques et Séminaires, no 119). p. 17- 24.
AIT HAMZA M., 2011 - "Les coopératives de pastteurs: une expérience et des leçons", In Produits agricoles, touristiques et développement local, Kerzazi M., Ait Hamza, and Al Assaad M. (eds), Rabat, 2007 (Actas do Colóquio organizado por ANAGEM/UGI), pp. 57-68.
BANCO MUNDIAL, 1995. Uma estratégia para o desenvolvimento da serra em zonas áridas e semi-áridas. Relatório técnico Marrocos. 82 p.
BEAUDET G., 1969 - "The Ayt Mgild of the North, geographical study of the recent evolution of a semi-nomadic confederation". RGM, 15, pp. 3-80, Ver resumo: "Mgild (Ayt Mgild)", In Encyclopédie Berbère, XXXII, 2010, p. 4977-4983. BENCHERIFA A., 1995 - " Processus de sédentarisation et risque de désertification : impact environnemental de l'évolution récente du nomadisme pastoral dans les Hauts Plateaux du Maroc ". Em Afrique du Nord face aux menaces
Rabat, FLSH (Colloques et Séminaires series, no. 50), pp. 79-97.
BENDAHMANE M., 2001. Estudo das Perspectivas Florestais para África (FOSA). Rabat, FAO. 53 p. Boudy P. 1952. Guide du forestier en Afrique du Nord, 490 páginas.
BOULANOUAR B. & BENLEKHAL A., 2006. Criação de ovinos em Marrocos: da produção ao consumo. L'élevage du mouton et ses systèmes de production au Maroc, 3- 32.
BOURBOUZE A., DONADIEU R., 1987. A criação de gado nas serras das regiões Mediterrâneo. Montpellier: CIHEAM/ IAM. Opções méditerranéennes. 102 p.
BOURBOUZE A., 1982 - L'élevage dans la montagne marocaine : Organisation de l'espace et utilisation des parcours par les éleveurs du Haut Atlas, Thèse de Docteur-Ingénieur, Paris, INA, 345 p. + pl.
BOURBOUZE, A. & A. El Aïch (2005). "Goat breeding in the arganeraie: the conflicting use of a space", Cahiers d'études et de recherches francophones/Agricultures, 14(5): 447-53.
BOURBOUZE, A. (1997). "Des agdal et des mouflons". Protection des ressources et (ou) développement rural dans le parc naturel du Haut Atlas Oriental (Maroc)", Courrier de l'Environnement de l'INRA, 30: 63-72.
Bruno, E. et al, (1977). Problèmes agraires au Maghreb, Paris, Ed. CNRS,

311 p.
CELERIER J. 1927 - "La transhumance dans le Moyen Atlas", Hespéris, t. 7.
CRP2. 2011. Plano Global de Gestão de Ecossistemas: Sector da Carne Vermelha ovino. Programa de Apoio à Política Setorial Agrícola da União Européia.
CHICHE J., 2003 - Les conflits pastoraux sur le versant sud du Haut- Atlas. Projet CBTHA. ORMVA Ouarzazte/PNUD, (Relatório) 302 p.
COUVREUR G., 1968 - "La vie pastorale dans le Haut Atlas central". Revue de Géographie du Maroc, no 13, p. 3-54.
DAHMANE M., 2006 - La transhumance et la sédentarisation : Région de Séguia El Hamra et Oued Eddahab, Rabat, Imp. Kaoutar (em árabe)
DAHMANE M., 2004 - La transhumance et la sédentarisation : étude socio-historique de la tribu des Bani Bou Sbaa, Rabat, FLSH, Tese em Sociologia, 2 t. (em árabe)
Atlas Médio **DREFLCD**, 2015. Programa de dez anos 2015/2024. **DREFLCD** de Fez Boulemane, 2015. Programa de dez anos de 2015/2024. **DREFLCD** do nordeste, 2015. Programa de dez anos de 2015/2024.
DRESCH J., 1941 - Documentos sobre os gêneros de vida no maciço central do Grande Atlas. Publicações IHEM, t. XXXV, Tours. Arrault et Cie.
DE PONTEVES, E. (1989). L'arganier, la chèvre, l'orge : Approche du système agraire de l'arganeraie dans la commune rurale de Smimou, Province d'Essaouira, Maroc, Mémoire de fin d'étude, Ecole Supérieure d'Agronomie Tropicale, Centre National d'Etude Agronomique des Régions chaudes, Montpellier, 261 p.
DOMINGUEZ, P. (2004). "L'agdal du Yagour" (Haut Atlas, Marrocos). Religion populaire, développement et conservation de la biodiversité", Texto produzido no âmbito dos Doutoramentos em Antropologia Social do EHESS (Paris).
DPA (2003). Relatório Técnico, Departamento Provincial de Agricultura, Essaouira.
Faouzi, H. (2003). L'arganeraie des Haha : étude d'un système agraire en mutation (Haut-Atlas occidental, Maroc), tese de doutoramento, geografia, Université Nancy 2, 500 p.
FAO, 2011 . Contribuição do gado para a segurança alimentar.ammi, S., V. Simonneaux, M. Alifriqui, L. Auclair & N. Montes (2007). "Evolução da cobertura florestal e terrestre de 1964 a 2002 no alto vale de Ait Bouguemez (Alto Atlas Central, Marrocos)". Impact of management modes", Drought, 18(4): 271-7.
HAMMOUDDOU M. 1996 - Pastoral da criação entre os Mgouna: estudo do parcours et des systèmes d'élevage. ORMVA Ouarzazate (Relatório) 49 p.
HANAFI A., 1984 - La mutation économico-sociale de la tribu semi-nomade Erklaouen (Moyen-Atlas), Univ. Toulouse-Le Mirail. Tese de Geografia, 310 p.
HARRACH M., 1997 - Organisation coopérative de gestion de l'espace et dynamique du système agropastoral dans l'oriental du Maroc, Montpellier, CHEAM/IAM Master of Science, 139 p., anexos
ALTA COMISSÃO PARA ÁGUA E FLORESTAS E A LUTA CONTRA DESERTIFICAÇÃO (HCEFLCD), 2011. Adaptação do programa de acção nacional de combate à desertificação às especificidades zonais. Relatório geral 2008. Rabat (Marrocos). 147 p.
ALTA COMISSÃO PARA ÁGUA E FLORESTAS E A LUTA CONTRA DESERTIFICAÇÃO (HCEFLCD), 2016. Documento de divulgação da estratégia silvopastoril. 12 p.
ALTA COMISSÃO PARA ÁGUA E FLORESTAS E A LUTA CONTRA DESERTIFICAÇÃO (HCEFLCD), 2008. Projecto de desenvolvimento e gestão de

maciços florestais e de serras na província de Ifrane. Relatórios e estudos técnicos do projecto 2001-2008.
ALTA COMISSÃO PARA ÁGUA E FLORESTAS E A LUTA CONTRA DESERTIFICAÇÃO (HCEFLCD), 2012. Delimitações do património florestal marroquino, iluminações... http://www. ecologie.ma/delimitações-du-domínio-forestier-marocain- eclairages.
ALTA COMISSÃO PARA ÁGUA E FLORESTAS E A LUTA CONTRA DESERTIFICAÇÃO (HCEFLCD), 2013. Programa de Acção Nacional de Combate à Desertificação (hceflcd), 2013.
Desertificação, Relatório Principal. 127 páginas.
JENNAN L. 2004 - Le Moyen Atlas central et ses bordures : mutations récentes et dynamiques rurales, Edition El Jawahir, 706 p.
LAOUINA, A., M. CHAKER, R. NAFAA E R. **NACIRI**. 2001: As terras de florestas e estepes em Marrocos: processos de degradação e impacto sobre escorrimento e erosão.
LAOUINA A., 1999. La participation de la population rurale, critère du succès des interventions de lutte anti-érosive en montagne, le cas des versants prérifains in La montagne méditerranéenne : paléo-environnements, morphogénèse, aménagements. Anais do simpósio. Études de géographie physique ; N 28; pp. 171-174.
MAATOUGUI A., ACHERKOUK M., MAHYOU H., TIEDEMAN J., EL MOURID M. & DUTILYDIANE C., 2005. Ecologia e produtividade do ecossistema pastoril da comuna rural de Maâtarka. Anais do seminário "Gestion durable des ressources agropastorales de base dans le Maghreb". Oujda, 137-149.
MAHDI M., 2002. Mutações sociais e reorganização dos espaços das estepes. Casablanca: Imp. Najah El Jadida.
MAHDI M., 2002 - Du nomadisme aux nouvelles formes d'élevage, In Mutations sociale et réorganisation des espaces steppiques, Casablanca, Ed. Mahdi, p. 65-90.
MINISTÉRIO DA ÁGUA E DAS FLORESTAS, 1998. Programa Nacional de Florestas (Volumes I-IV), 1999.
MADRPM, 2007: Rangeland Strategy - Conferência de Marraquexe 10-13 de Maio de 2007.
MAHYOU. H, TYCHON. B, BALAGHI. R, MIMOUNI. J, 2010. Desertificação áridos rangelands em Marrocos. TROPICULTURA, 2010, 28, 2, 107-114.
MAKHCHOUN. M., 2014. Impacto da gestão de parcerias baseada na compensação por set-aside na conservação e reconstituição dos recursos naturais (Caso das associações pastoris na CCDRF de Taineste). Ciclo do Mémoire de 3ème, 201 páginas. ENFI, Salé.
MINISTÉRIO DA AGRICULTURA E DA REFORMA AGRÁRIA, 1992. Estratégia de desenvolvimento para os rangelands em Marrocos. Situação actual dos rangelands. Vol. 1: Inventário dos recursos forrageiros da serra. Vol. 2: Gado da Rangelândia: aspectos económicos e sociológicos. Rabat (Marrocos): Ministério da Agricultura e da Reforma Agrária.
MINISTÉRIO DA AGRICULTURA E DA REFORMA AGRÁRIA, 1992. Estratégia de Desenvolvimento para o Rangeland em Marrocos. Situation Actuelle des Terres de Parcours, Vol. 1: Inventaire des Ressources Fourragères des Parcours. Direction de l'Élevage, Ministère de l'Agriculture et de la Réforme Agraire, Rabat, Marrocos.
MINISTÉRIO DA ÁGUA E DAS FLORESTAS, 1998. Plano quinquenal de 1999... 2003. Comissão Especial nº 39. Água e Florestas. Relatório Preliminar.

MINISTÉRIO DA ÁGUA E DAS FLORESTAS, 1998. Programa Nacional de Silvicultura.
MOUNIR. M., 2015. Avaliação do mecanismo de parceria com base na gestão de set-asides na CCDRF de Aknoul. Tese de Pós-Graduação, 201 páginas. ENFI, Salé.
NAGGAR M., 2000. Elementos básicos de uma estratégia para o silvo-pastoralismo no Norte de África. Options méditerranéennes, Série A, n° 39, pp. 191-202.
NAGGAR M., 2017. A questão das florestas em Marrocos e as questões de governança territorial. Publicação Universitária Europeia. 87 pp.
NAGGAR M., MHIRIT O., 2006. O Arganeraie, um curso típico das zonas Marrocos árido e semi-árido. Revue Sécheresse, 17 (1-2), pp. 314-317.
NAGGAR M., MHIRIT O., BENZYANE M., 1995. L'Aménagement sylvo... pastoral: uma ferramenta de gestão e um pré-requisito para a salvaguarda dos ecossistemas florestais marroquinos. Anais do workshop sobre silvopastoralismo. ENFI, Salé (Marrocos). Annals of Forestry Research (Marrocos), pp. 20-35.
NOUAIM, R. (2005). L'arganier au Maroc, entre mythes et réalités, Paris, L'Harmattan, 239 p.
PESSOA, S. (1998). Targant n'Tarat ou a árvore de Argan do bode. Approche du système agraire de l'arganeraie, Maroc, Essaouira, ESAT1, IRC, Montpellier.
PNUD, 2014. Relatório final de avaliação do Florestas do Atlas do Meio (GIFMA). 158p.
OUHAJOU L., ZAINABI A. T. ET EL MAHDAD H., 2006 - "Le nomadisme em declínio: o caso da "Dra Média", Projet d'Atlas des Aires Protégées du Marrocos. HCE-FLCD, 10 p. (relatório não publicado).
ORGANIZAÇÃO ALIMENTAR E AGRÍCOLA DAS NAÇÕES UNIDAS AGRICULTURA (FAO), 1989. Trinta Anos de Desenvolvimento Pastoralista em a bacia do Mediterrâneo. A FAO. 126 p.
ORGANIZAÇÃO ALIMENTAR E AGRÍCOLA DAS NAÇÕES UNIDAS AGRICULTURA (FAO), 1995. Florestas em Marrocos. FAO. 132 p.
QARRO M, 2006. Silvopastoralismo e gestão sustentável dos ecossistemas naturais de terras secas. 14ª Conferência Internacional da Organização para a Conservação do Solo. Gestão da Água e Conservação do Solo em Ambientes Semi-Áridos. Marrakech, Marrocos, Maio: 14-19.
RACHIK H., 2000 - "Como permanecer nómada? "África" - Orient, Casablanca.
TABET AOUL, M. 2003. "Degradação dos recursos naturais no Magrebe e estratégia de resposta". Dia de estudo sobre o ambiente e os recursos naturais no Magrebe. Fez, Marrocos, Abril de 2003.
TOZY M., 2002 - "Des tribus aux coopératives ethno-lignagères", In Mutations sociales et réorganisation des espaces steppiques, Casablanca, Ed. Mahdi, p. 17-38
YESSEF M. e AIT HAMZA M., 2009 - Estudo sobre as estruturas e tendências da transumância em Marrocos. Projet de Conservation de la Biodiversité par la Transhumance dans le versant sud du Haut-Atlas (CBTHA). ORMVA Ouarzazate / UNDP (relatório inédito), 123 p.
ZAINABI A.T., 1989 - "Vers une disparition rapide du nomadisme au Sahara marocain : le cas du Draa Moyen", Le nomade, l'oasis et la ville. Fascicule de recherche no 20 (Tours, URBAMA), p. 49-62.

Printed by Books on Demand GmbH, Norderstedt / Germany